景 致

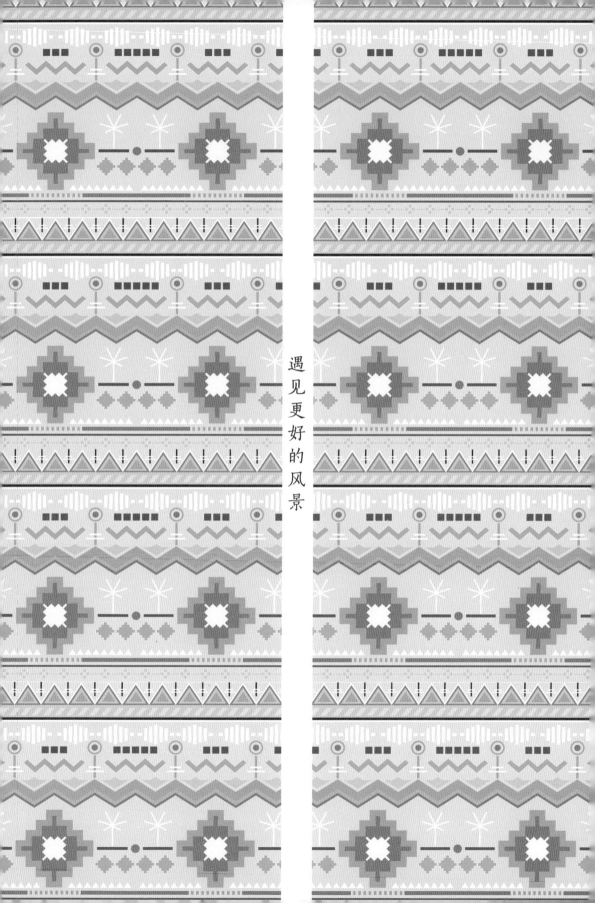

遇见更好的风景

Architecture /NOTES

一本用于 **分享的** 非专业
风景园林 读本

风景园林的
想象力

林祥霖 著

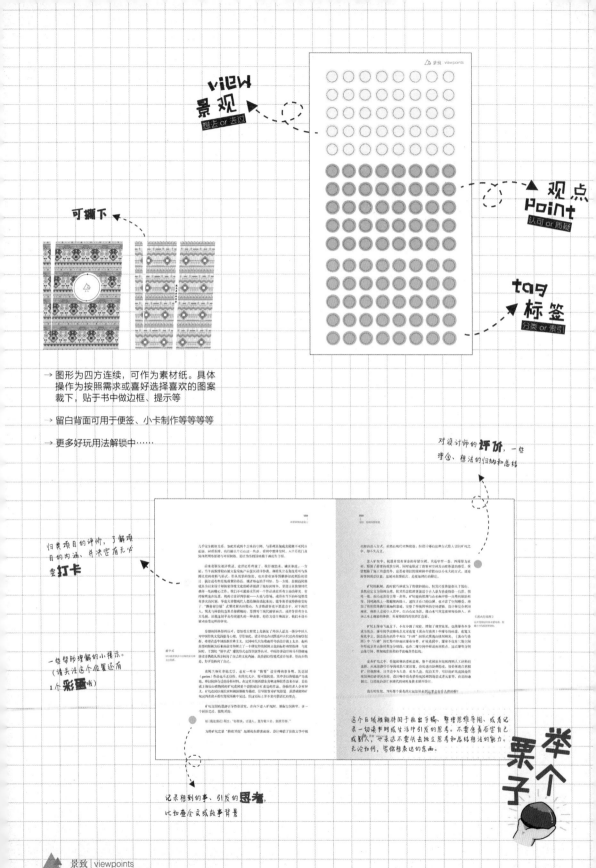

view 景观
想去 or 去过

观点 Point
认可 or 质疑

tag 标签
分类 or 索引

可撕下

→ 图形为四方连续，可作为素材纸。具体
操作为按照需求或喜好选择喜欢的图案
裁下，贴于书中做边框、提示等

→ 留白背面可用于便签、小卡制作等等等等

→ 更多好玩用法解锁中⋯⋯

对设计师的 评价，一些
理念、想法的归纳和总结

归类项目的评价，了解项
目的内涵，并决定看无收
要打卡

一些帮助理解的小提示。
（请关注这个位置还有
1个 彩蛋 哦）

这个区域被期待用于画出手稿、整理思维导图、或者记
录一切读书时或生活中引发的思考。不要患着否定自己
或别人，也永远不要失去独立思考和总结想法的能力。
无论如何，写你想表达的东西。

举个
栗
子

记录想到的事、引发的 思考，
比如通全文或故事背景

前言

近百年前，物理学界爆发了一场世界级的论战。

第二次世界大战影响了建筑等相关的专业，因战后需要，以功能为导向的现代主义发展起来，从而一步步发展并影响到当代园林及相关专业的理解。大家觉得这本书要说这个？不，我想谈的不是第二次世界大战，当然也不是第一次。我想谈的是看起来对园林或者相关专业毫无影响的一次论战，论战的双方分别是以波尔和薛定谔、爱因斯坦为代表的量子物理学创始人。他们争执的话题在于世界的本质是否具有随机性。爱因斯坦力挺薛定谔，认为上帝不掷骰子，世界一定是确定的。而薛定谔甚至拿出了著名的"薛定谔的猫"来反问提出随机性的波尔。薛定谔认为关于猫的生死，不论波尔如何选择，都能造成他理论的自相矛盾。万万没想到的是，波尔给出的答案是猫又死又活，猫生死的最终确定取决于有意识的观测。薛定谔因此在波尔家中还大病了一场，因为他对于波尔完全和自己不是在一个体系里讨论问题的事实感到身心的无力。这是两种不同世界观的碰撞。波尔类似唯心主义世界观的理论居然在几十年后被证明是正确的。当初爱因斯坦和薛定谔所坚持的看似理性科学的确定性理论战败了。

这是我所知在历史上的第一次理性科学的失败，看似错误的理论却以一个全新的逻辑取得了胜利。大概是从那时起，科学的确定性理性中孕育出了一丝哲学式的神秘，原本被认为已经到了尽头的物理学得到了新的发展。可惜，这样"不死不活"的逻辑却不是被人所熟识的。园林固有的思维和模式正在成为一种行业发展的限制。既然如此，大家不如看看下面文章里"不死不活"并"又死又活"的思考方式是否对于大家有所帮助。

每每在和人讨论设计问题的时候，我深有波尔、薛定谔争论的类似感触：大家不在一个系统里讨论问题。大家如果不说一种语汇，那是说不到一块的，这并不是"薛定谔的猫"是死是活的问题，而是"又死又活"的问题。我想要阐述的即是园林里的"又死又活"。因为往往没法和人交流，于是有一天郁闷的我突然做出这个决定：我要把他们都写下来。

这里面有许多我在学生阶段旁听时得到的一些观念，也有一些我在书本、网络等渠道上得到的知识。这些想法看似杂乱，但整理之后好像也有那么一点逻辑，于是我把它们都列出来。那么，关于物理学界的大战，具体内容与我们无关了，这里就告一段落，接下来我们还是开始谈谈园吧。

有明人郑元勋："古人百艺，皆传之于书，独造园者何？曰'园有异宜，无成法，不可得而传也。'"随着社会的发展，当今的"园"，与过去的"园"已经大为不同。最大的区别在于使用对象，原来"园"基本为私有，现代大部分都已直接面对公众。就算是当年的皇家园林和私家园林，都"匪夷所思"的公共化了。郑元勋所说"不可传"的部分似乎也断断续续传了下来，还变成了一个令人期待的新学科。我们与众不同的逻辑，正是从这不可传的部分开始有了正话。

就一个学科而言，其理论体系、学科内核，包括许多扩展的方向和思潮都十分具有争议性，这是不多见的，不过这也和这个学科发展的历史脱不了关系。各个专业的人通过不同的角度对园林都有一定的认识，他们各自的立场也使得定义不尽相同。我个人并没有什么能力或者权威来对学科下什么定义或者引领什么潮流，只是希望从某个特别的点，或者说只是自己感兴趣的角度谈谈园事。

如前所述，园这个概念已经扩展得不知边际了，私人庭院、城市广场、综合公园、街头绿地、道路绿化、森林公园、湿地公园、国家公园，乃至城市风貌规划、国土绿地系统等，皆可认为是园或与园相关。而这里所提到的许多方面，若是展开而来，都是鸿篇巨制。如此大的工作量，早就把我吓得畏手畏脚。可是个人又对当下风景园林的专业现象十分有兴趣，所谓仁者见仁智者见智，不说不快。于是就选了这种闲谈的方式，也不见得严谨，也不见得全面的谈谈当下的现象和潮流。我只是想记录一下平时的想法，也许最后的成果就这么一本小册子，要是有读者看到，能有点抛砖引玉的作用就再好不过了。

回到我们要谈的内容上。虽然以"园"为篇，但文中却很少提及园子，或是设计成果，或是园林设计师。相反，文章中还出现了一些规划以及建筑方向，甚至诗词及考古等方向内容。我认为这是园林学习及工作中十分需要的。这些文字不用交给甲方，也不用向领导汇报，随便谈谈就不要那么拘谨。虽然在文中以明确或不明确的方式提出了许许多多的问题，这些问题都是当前世界或者是中国极为尖锐的问题，诸如文化的缺失、历史被淹没、城市景观的同一性等等。但我所给出的答案，就连我自己也不认为一定是好的。不过在这个发展阶段，我觉得发现问题和认识到问题远比寻找一个答案要重要得多。

预警！这是一本容纳了众多"奇怪"想法的书。其中许多看似和风景园林无关。但是我以想象力的名义硬把它们拉到了一起，当做是风景园林的思考，是它的梦境，是它的想象。毕竟是"想象"，我不仅不能完全保证它们都是合理的，也不能保证这里有你们想要的关于设计的答案。更加遗憾的是，唯一能够确定的是这里所述的稀奇古怪内容恐怕会让设计师的笔下多一份犹豫。

目录

景致 │ viewpoints

促使我萌发这些思想的缘由十分的偶然。在下文中，我也会逐渐提到。不过，首先在最开始的这里，我认为很有必要把这"偶然"与"缘"叙一叙。

缘，按我的理解，大概是涵盖了些许偶然的、恰好的意思。既然这个词本身就伴着偶然的含义，那么"偶然的缘起"岂不是成了重复表意的病句了？当然可以这么简单的列为病句了，但我并不排斥病句。

正确的语句未必就能完整地表达意思，错误的自然也有错误所能表达的内容。否则我们就不会在这里讨论偶然和缘起的重复表意了。我这么唠唠叨叨一段，反而把这其中的偶然与"正确的错误"强调出来，不正是错误所能带来的效果吗？

不论是卷一，还是后文，也是如此。也许只是错误的理论和思维，那又有什么关系呢，我们不是在做抛砖引玉的事么？或许各种各样的错误才是改良和拯救"完美乌托邦"的必经之路呢。

卷 一　偶然的缘起

生态潮流

这是第一个需要讨论却不一定有答案的问题。一开始就聊这么大的话题，总觉得有点不妥。但是，既然是闲聊，也就无所谓说些什么了。为什么说这个话题大？因为这个话题可以渗入到整个风景园林学科内核里，不仅对学科内核有所更新，甚至有妄想取代内核的嫌疑。

伊安·麦克哈格

（1920.11.20-2001.03.05）

英国著名园林设计师、规划师和教育家。美国宾夕法尼亚大学研究生院风景园林设计及区域规划系创始人及系主任。

我不是危言耸听，在麦克哈格（Ian McHarg）之后，生态这个词就与风景园林或者景观挂上了钩。这是一件不可思议的事，但似乎又顺理成章。随着生态无孔不入的渗入，就连咱们这个园林历史最悠久的文化也在几年间接受新的理念。这些层出不穷的概念不仅仅在国家政策层面，甚至在园林学科层面都已经超过了其他的内容，比如空间，比如文化。也因此，甚至只用现象不用数据都能体现出如今生态的位置：高校培养的学生在做设计的时候，默认要求重生态轻文化（当然可能学生很难讲出什么文化）；设计单位在做设计的时候，不论生态不生态，都要提出所谓的"生态功能"。

说起来有些可笑，因为生态专业的学生们在这园林行业内展露头角的并不多，而真正在就职时容易被重用的反而是那些画图"好看"的设计师。但这些人似乎对于生态并不专业，却口口声声说所做的就是生态设计。

当然，园林的内核必须有生态这个席位，这点毋庸置疑。不过，我建议让我们更加诚实地面对自己的设计。生态的内涵很丰富，并不是只有雨水和湿地。而大家总在提的净化功能，可能并不如大家想的那么美好。北京的翠湖湿地从几年前就开始建设，在写下这篇文章之时，设计的后续工作仍然没有停止。这是一个在设计过程中难得的作品，很少有设计师可以和自己的作品共处这么长时间。我不禁为这片土地感到庆幸。同时，设计者也从中学到了许多实践经验，比如湿地的净化功能是有的，但并不如理论上的那么高效，这个结论就很有趣了。自然湿地的净化功能是强大的，但其生态系统也十分薄弱，而人工湿地，往往难以达到足够的净化面积或者净化效率。并不是如今的技术不够成熟，恐怕是设计过程中，影响的因素太多。

不论任何时期，人类总是受制于时代的制约。当前的时代主题似乎是生态，设计更加如此。可惜如果设计师一直以这种自欺欺人的态度在机械重复生态话题，那遭殃的只能是场地了。

在麦克哈格之后，各地的设计都进入"生态模式"。中国起步相对晚一些。在国内，众所周知的应该是以俞孔坚为核心的团队的工作。事实上，我个人很敬佩俞老师，他所提出的理念对于风景园林来说是一个很合理地选择，是这个学科发展必须有的选择。他们的设计师团队试图学习乔布斯，在创造一种需求，一种美的需求。他们称之为"大脚美学"——以低干预的城市自然环境为美。同时也取得了一定的成果。不过，我个人始终认为，这样以生态为核心理念的做法仅仅只是学科发展过程中，众多选择中的一种而已。生态不是一个完整风景园林内核，准确说，应该只是一个潮流。

如果不是生态，那风景园林是什么，是工程？是技术？是科学？还是艺术？自这个学科产生到现在，关于这些问题的争论从来没有停止过。

俞孔坚

哈佛大学景观学博士，北京大学建筑与景观设计学院院长，教授。成立公司——北京土人景观规划设计研究院。提倡"反规划"理论，大脚革命和大脚美学，致力于打造以生态为核心的景观。

风景园林师的社会职责

　　这篇放在这里似乎显得突兀，在这篇之前，本该增加一篇关于风景园林学科的讨论，不过我犹豫再三，还是将名为《风景园林》的这篇从前面删去。因为基于当下的情形与书中所述的内容逻辑，在文章最前面直接表达我个人关于学科的想法是不太合适的。或许我该学习《源氏物语》把删去的这篇留下标题，全篇留两页白纸摆在那里。这样不仅能增加大家的想象，或许还能让大家将看书前和看完后的不同想法记录在留白的地方。虽然看起来是个不错的创意，可是我考虑到这些文章里"抄袭"其他作品的地方太多，于是决定让这样浮夸的想象力还是消停消停。退而求其次，在每篇的结尾都留了空间供读者朋友们做笔记好了。

　　这样突兀的一篇，对于一个有思考的设计师来说，似乎也是符合逻辑的承接。也许风景园林的话题有些大，那不如先看看风景园林们该做什么，或者现在他们都在做什么。关于风景园林师的社会职责，当前还不断地发生着一些与之有关的可疑事件：风景园林师不停地在为生态目的进行设计，成了自然的守护者；风景园林师为建筑做设计，成了建筑师不愿意接触的小型服务建筑和临时建筑的设计者；风景园林师弥补规划不合理的部分，收拾"烂摊子"；更加可疑的是，大众认为风景园林师的职业只是种树或者设计公园？我不知道同行们是否认可以上所述的风景园林，但至少我认为这些无端扣上帽了的做法太草率。那么我当然要提出这样的问题：究竟风景园林师的社会职责是什么？

　　风景园林是一个与大自然和社会接触的行业，是一个处理自然与人、人与人之间关系的行业。所以这个行业的性质必然要求从业者热爱自然，热爱人类社会，并且对自然和社会充满同情和尊重。这样的描述似乎让人想到另一门学科——生态学。生态学是一个描述生物与自然关系的学科，单单从研究内容上来看，生态学和风景园林学确实有很多共通之处。

自麦克哈格提出生态设计的理念之后，生态学以迅雷不及掩耳之势席卷全球的风景园林行业。但这个现象却是极为奇怪的，生态学与风景园林学的融合界限并不清晰，这导致了风景园林师的工作内容也被定义得十分模糊。

生态学毋庸置疑是一个科学性极强的学科，可惜科学性却是导致以上问题的主要原因之一。在那个"赛先生"还并不流行的年代，大多数园子都是凭借拥有者的喜好来建造的，所以园中带有很强的主观色彩艺术性。但随着西方思维模式占领世界，在科学创造奇迹的时代里，越来越多的人试图相信完全的理性和科学是解决世界问题的唯一途径。同时又随着园子的私有性向公共性转变，拥有者从原来的一个人或者一个家族变成了一个开放的群体，这个群体信仰理性与科学。于是"赛先生"带着生态学迅速抢占了风景园林的阵地。十分讽刺的是，国内大多数风景园林师并未接受或没有足够多的接受过专业的生态学训练。他们与最初提出这个理论的人不同，他们以一种十分不理性的姿态追随着理性的生态脚步，几乎是在黑暗的道路中摸索，十分艰难地在园林实践中前进了那么一小步，却几乎未有为生态理论做出过任何贡献。

导致行业模糊的另一个重要原因是城市问题。城市是人类创造的最为复杂的组织形式，与自然自洽逻辑的历史相比，城市不过是个未满月的孩童。但这个孩童的成长速度过于惊人。欲速则不达，社会的发展和城市的扩张为自然和人类带来了不可忽视的影响：水污染问题、空气质量问题、城市热岛问题、雨水排放问题等。这些问题严重到人们不得不在自己所坚信的理性框架内寻找一个解决途径。被赋予这个光荣使命的就是生态学。西方传统认为城市是脱离自然而存在的一个系统，可是随着城市问题的日益严重，人们又试图从自然中寻找生态的法则，并将其引入城市之中解决城市问题。这从正常逻辑上看似乎是存在矛盾的，但实践却是将两个大系统的结构不断融合。风景园林设计师的工作委托向来是脚踏这两条船，大概是由于这些原因，实践生态学的重任莫名其妙地落在了风景园林师的肩膀上。

风景园林师肩膀上的担子太多，恐怕无法完全撑起生态这个重担。我相信在实际工作中，许多风景园林从业者在面对生态问题已经显示出自己的力不从心的一面。风景园林设计师和生态学家的关系，如果一定要找一个比喻的话，应该比较接近建筑设计师和结构工程师之间的"羁绊"。园林师当然有责任和义务去处理各种城市问题，但仅仅依靠园林师是不够的。

在这个时代看来，景观生态学似乎是解决两个学科之间的矛盾。但在这个学科诞生的时候，景观生态学，准确地说，它是一个生态学概念，是生态学在实践中的应用。景观中生态学的应用目前来看大多集中在两个潮流，一个是湿地净化，一个是雨洪管理。不过就如同 "有了互联网，人类脑子里的东西也并没有比过去多；有了空调，热死的人也并没有比过去少"的现象一样，有了景观和绿地，城市遭受的雨洪灾难也未见多大好转。当然有一部分原因不在学科本身，而是执行和城市发展不均衡的问题，但这样的结果也同样展示出这些潮流的可疑性。

景观生态学这个新学科所包含的内容中，只有很小的一部分涉及风景园林。其中大部分还是在阐述生态学的科学研究和实践。而现在的情况似乎是把这个学科完全纳入到园林中，变成了园林学科最重要的部分之一。我们的设计师是否搞错了其中的逻辑关系？时代需要园林增加景观生态学的内涵，将园林扩展到区域甚至城市的层面，但两者似乎重合的过多了。在很多园林实践中，生态恐怕只是一个伪命题。

一般而言，合格的风景园林设计师基本上可以全程掌握一个大型综合性公园的设计与建设，但如果是一个更大尺度的自然区域，单单凭借风景园林设计师恐怕难以完成。这个过程需要多个学科之间的配合，这可能就包括生态学、动物学、树木学、土壤学、建筑学等等。如果仅仅有风景园林设计师，是难以系统地完成例如鸟类数据统计、土壤测试、生物需水量计算、中大型建筑的设计等一系列专业性的工作。

昆虫旅馆

现代城市中昆虫逐渐消失，一些学者认为是由于城市绿地的间距无法满足昆虫的飞行距离需求导致的，因此提出为昆虫打造迁徙驿站的项目。

法国曾经实施了一个名为昆虫旅馆的项目，其目的是希望绿地与绿地之间的昆虫可以相互沟通。通过研究统计，设计师们发现城市大型绿地之间距离大多是5公里左右，而一般昆虫无法在这个距离内到达另一片绿地。所以设计师在大约距离绿地2~3公里的区域设置了可供昆虫休息的空间，这样形成了一条高效的生物廊道，扩大了昆虫生境范围。在这个项目中，园林设计师可能知道需要这么一条廊道，但其中的专业知识，例如昆虫的有效飞行距离和觅食习惯等等，不是风景园林师能够完全掌握的。这里并不是说园林设计师不能通过专业的学习去了解到，而是大部分园林师恐怕不具备这样的专业素养去意识到需要学习这方面的知识。

很显然，虽然风景园林设计师并不是不能进行这样的工作，但一定会显得非常吃力。根据项目情况的不同，需要的专业人员也有所差别。如生态建设这种大型项目，需要风景园林设计师与科学家的密切配合，并且以现在的情况看，很可能是需要科学家主导设计过程。越俎代庖的做法容易造成项目结果的不理想。毫无疑问，风景园林师的社会职责是包括生态建设的，但同样毫无疑问的是，单单风景园林师是很难独自扛起这个大旗。

事实上，确实有少数的风景园林设计师在城市规划层面做出了极大的"风景园林成就"。他们通过梳理现状场地和植被，调整和连接绿地系统和城市居民公共空间，增加绿地的可亲近性等方式，解决了尖锐的城市问题和社会问题。同时这些措施带来了很多附属效应，例如良好的生态环境、舒适的交通环境、合理的产业结构等等。园林设计师能够带来与建筑设计师和城市规划师完全不同的城市空间体验，但要站在城市高度去解决问题，恐怕还只是行业顶端少数园林设计师的能力范围。当然，这也可能是未来学科发展的趋势。

目前，国内较大尺度的风景园林规划设计背后的设计师多数都具有西方留学的经历。很大一部分原因是西方国家早已先中国一步形成了较为完整的景观学科系统和教育体系。近现代后，西方的景观概念从园林中分离并发展出更大尺度的内涵，一直从园林扩展到城市、区域、乃至国家和世界。在不同的尺度下，场地所面对的问题和关心的内容必然不同，这是造成园林和景观产生分歧的重要原因。如果我们要面对和解决这个问题，就有必要分清楚其中的尺度问题。或许应该建立多学科分支，明确各个职位的分工。但是最为重要的问题是园林和景观的分歧到底是不是问题？传统园林学科的内核，在城市乃至更大尺度的空间范围内，是否能够解决这样大区域的问题。目前流行的大尺度景观或者风景园林，并没有一个统一认可的系统研究对象、研究方法，这就需要补充其他学科内容。

生态学介入园林之后，园林扩展到更大的层面，改变了传统私家小园的面貌，形成了巨大"尺度"的风景园林学科。但是在如此大的尺度下，需要面对和解决的不仅仅是生态问题，还有更多的城市问题，譬如文化、经济、政治等等。园林的概念早于景观产生，仅概念而言，景观也许是园林的扩展，可现在二者被混淆了。在没有明确的内涵之前，叫什么名称并不重要，这篇我们暂不做详细讨论。面对大尺度的规划和设计，风景园林设计师未来也可能成为其中的领导者，不过首先我们还有一些内部问题需要处理。在完善新兴风景园林学科，研究城市问题和更大尺度的问题之前，我们应该先思考一个重要的问题，就是风景园林本身。我们只有清楚地认识自己，才能面对逐渐融合的其他学科，在纷乱的时代做出正确的选择。

那么，在外行人看来，我们除了种树还会做些什么？在这个多学科融合的时代，风景园林是否应该保持自己最根本的学科内涵。风景园林设计师除了现在一般认为的建设更加自然的人居环境之外，是否还有其他的社会职责？

花在哪里？

几年前，我是一个充满热情的风景园林专业学生。我几乎对所有专家和大师的设计理念及作品都充满兴趣。我甚至会到其他学校旁听园林专业相关的课程和我所感兴趣的讲座。毋庸置疑，这些专家和大师的思想和设计理解极具吸引力。有的理论一年听不明白，那我第二年继续去听。我会尽力去参观我能走到的园子，当时尤其喜欢的是去各种各样的园林博览会，那里总是有各种不同的想法和作品让我兴奋不已。

曾经在一个世界园林博览会中，一个看起来引人入胜的草丘前，我绕过园子的设计说明解说牌，由一个小瀑布引导进入了这个"馒头山"一样的小园子。我早在大老远的地方就看到入口处的瀑布，这种哗啦啦的水声在游人不多的园博会中还是非常具有引导性的。我故意绕过解说牌，是希望测试自己对园林的理解能力。

路径是由入口的瀑布开始，沿着一座人工小山丘盘旋而上，园子外侧也堆砌了地形，被隔离的道路显得格外安静。在路径中，只有几个门框式的构筑物，营造出一种经典的"穿越感"。在一个安静的上坡道上，门框的穿越感似乎带着一丝朝圣的意味。这样的感觉也许是来源于传统寺庙大多都在山上的原因。

几个"穿越"后，坡道慢慢到达山顶。那里是一处停留的"净土"。由两个长满藤本植物的半圆形廊架围合成一个圆形的空间。中心是一处圆形的池子，大概来得不是时候，静静的池子里漂着一些破败的睡莲。水很静，睡莲也很静。也许正是破败的原因，使得这个静谧的场地莫名增加了一些不可言喻的神秘感。这种模糊的感受，莫名促使我想起了之前的门框，隐隐约约感受到设计师是在阐述什么。

在这个静得让人想要冥想的环境里待了一会,依然没有关于设计理念的头绪,无奈,只能继续前进。一开始我并没有找到下去的路,正当我以为要原路返回的时候,我在植被丛中看到一条很窄的出口。这是条贯穿整个地形的隧道,大概是条捷径。因为地形并不大,通道很快就走到尽头,而这尽头竟然也是哗哗的水声不断。一个熟悉的场地很快出现在眼前,这是一个瀑布!准确地说,这是在一个瀑布后面的水帘洞!从水帘洞钻出,我有些失去方向感,反复观察了四周的景观才恍然大悟,这就是刚刚的入口瀑布。

设计师在入口的引导性上做得极好,几乎看不出瀑布后面的空间,使人准确地沿山路盘旋而上。而在经历了晕头转向的隧道之后,展现出的是与进入之前不同观察位置的入口景观,正常人在此肯定会失去方向感,但却会感到无比的熟悉。在确定身处何处后,那种恍然大悟不仅是一个体验的趣味,也完整了整个空间的内涵。我当下就联想到了印度教里的衔尾蛇——咬住自己尾巴的蛇,终点即是起点,设计师在讲一个哲理,一个关于人生的哲理,一个轮回与经历。

我想我读懂了设计,急切要验证我的猜想,最好办法当然是回到入口前,读读设计说明。

这果然是印度设计师的作品,园子的名字叫生命旅程花园。我正细细回味园中细节之时,一个大叔打断了我:

"你刚刚从里面出来吗?"

我回头看了一眼,大叔40岁上下,典型的出游打扮,不过从肚子还是能看出多半从事办公室的工作。但一脸随意的表情和突兀的问题让我有些尴尬。

"嗯,是。"我出于礼貌的回答。

大叔有些好奇:"那里面有花吗?"

有花吗?这是什么问题?我仔细回忆,似乎除了几朵破败的睡莲外,没有什么别的花了,那大概是没有。我不太情愿的如实回答了他。

"那没有花有什么好看的?"

什么?!有什么好看的?!这简直就是一个直击心头的霹雳,我该如何回答他?我突然有种世界崩塌的感觉。

我看着大叔鄙夷的神情,猜想多半之前的园子让他感到很失望,也多半是因为没有花也不知道能看些什么。我不知道从事设计行业的人看到这里有什么感受。我知道园林和过去不同,园子已经不是一个设计师自娱自乐的工具。园林的受众是这些会问"有没有花"的大众。但是我当时只有一个想法:如果他只是来看花的,我打心眼里不想为这些人设计。我有我的专业热情,但是被一朵花无情地扑灭了。什么生命旅程,对他们好像一点意义都没有。无数思绪和问题冲击我的大脑，那时我根本找不到答案。大叔看我愣在那里，似乎想走。

"你进去看看吧，里面挺好的。"我不知道如何向他说明，要从什么地方开始讲？要给一个陌生人讲哲学和设计吗？我能给所有人都讲一遍吗？半天我只能憋出这么一句话。说完之后，我竟然像犯了错一样灰溜溜地走了。甚至连大叔是否进了园子我都不知道，头也不回地走了。

至今我还在想这个问题，花在哪里？我想这大概是上一篇问题的答案所在。经过了这么久，我可能有了一些答案，当然也可能是更多的问题，但不论如何，接下来恐怕都要耐着性子从头开始讲。

近年来主流的设计基础逻辑大多出自战后西方的建设实践。这些基础逻辑在那个物资匮乏又急于发展的年代是符合社会要求的。与此同时，时代也从中衍生出了一系列哲学与美学的认知与要求。加上设计工具的不断更新，更增进了这些逻辑的普世价值。这套逻辑太好用了，渐渐的，人们懒惰了，将当年特殊时代下的逻辑与追求变为某种主义与真理时，原本解开思想枷锁的钥匙却变成了架在脖子上的屠刀。

当年的逻辑并非不优秀也并非不可取，这是取决于我们使用的态度。世上哪有什么普世的真理？但错误却总是迷信。若是把被迷信的真理具体写下来，那字里行间恐怕都是"吃人"。

卷二　来自近现代的屠刀

功能主义

一

纯粹的功能主义是一个误人子弟的概念。

设计师受现代规划设计理念毒害不浅，功能主义就是其中之一。现代许多设计的开端，必然就是毫无疑问的功能。一旦功能主义出现，似乎其余的词汇都无力了。功能主义是这样的强有力，因此许多设计师都以此为设计最重要的准则。

功能主义看起来很科学，表现出来最为典型的大概是规划设计中所谓的"功能分区"。它遵循了现代科学的逻辑，把整体切割成部分，再使每个部分符合分割者赋予的使用需求。各个部分运作起来时，讲究的是最高效的结构，不过却不见得适合整个系统。功能主义的要求是十分科学的，不过太科学也许就成了问题所在。

功能主义某些程度而言是功利主义。

我不知道设计师们看着自己的设计有没有过哪怕只是一次的怀疑。

找些最基本的元素为例吧，为什么不同公园的道路宽度总是差不多的？因为车行道根据行车的需要而设计。单车道有规定宽度，双车道自然也有，因为机动车的宽度基本固定，于是这些道路宽度都是可以明确下来的。公园满足行车要求的一级道路宽度在4~6米左右就足够了。人行道根据行人使用习惯来设计，一个人肩宽约55厘米，两个人并排加上间隙约1.2米，那人多了几个就依次推算。大约2~3米宽的道路空间，可以满足3~4个人并排行走。

这些结论看起来很科学？是的，非常科学。

科学就不容置疑吗？当然不是。这样吧，我们换个逻辑来思考。为什么车行道和人行道的空间感受是不同的？除了这样的空间感受，有没有其他的选择呢？如果根据功能主义，一般是没有的，或者一般设计是不会出现的。因为铺宽了地是浪费，铺少了地是违反规范的。所以人基本的行为逻辑就是所谓的"最佳"逻辑。那么根据"最佳"逻辑，几乎所有空间和所有人的行为都被规范了。这是最高效的逻辑，反之，就不够高效了。所以功能主义一定会吝啬那几米的铺装来满足最基本的高效逻辑。这是否可以理解为功利呢。

如果我换一个"不太好"的逻辑试试看呢？我们知道行道树种类很多，南北方的差异更大。如果我们根据人的围合感受来作为设计的考量要素，树的高度H和路的宽度L就会形成一定的比例关系。例如有研究表明，在H与L的比例在1：1至1：2之间时，人的感受最佳（一般说来最适合停留）。同时，不同的比例关系也会对人的行为产生例如停留、快速通过等引导性影响。那么我们能否根据成熟树的高度来调整道路的宽度，使之引导游客在其中快步行走、悠闲漫步以及停留休息呢？又或者我们不改变道路铺砖的宽度，而是改变行道树至路牙的距离来实现不同空间的围合呢？实际上我相信大多数设计师在图纸上没有详细地考虑过自己布置的行道树与道路的距离，甚至没有考虑过行道树至路牙的这部分空间。又如老树的根会突出地面，未来几十年后，树周边空间是否全部变成根的空间了呢（大多数公园道路被设计后才开始考虑行道树的）？那么人走在其中又是什么感受？这可能还不够异想天开，那让我们再放肆一些。为什么一定要有行道树呢？我用"行道墙"行不行？

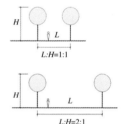

当然，没深入研究的我自然不知道行道墙行不行。胡思乱想下去无穷无尽，我只是想告诉大家除了那些高效的逻辑外，"错误"的逻辑也能有不同的效果，这个多样化的世界需要这些逻辑。但这些乱七八糟想法的实施总是受制于各个方面的成本。如何才能最节约的满足功能是功能主义探讨的意义。这过程中追求的节约、高效导致了功利地放弃了差异性感受。从而形成了统一规则。接下来就是统一规则束缚了后来者的思维，成了又一个枷锁。这是个温水煮青蛙的过程，后来者被功能主义洗脑。于是越来越多的成果变成了功利主义的灾难。

功能主义还是十分确定、不容置疑的完美科学？

许多功能主义者的潜台词是只要各个部分都不出差错的满足了他们应该承

担的功能，并且整体上能够有效运作，那么它就是完美的。一般而言，所有的功能需求在设计过程中都是明确的。早期的功能主义具有极强的确定性。

或许很多人会对我类似批判的言论有所意见，空间当然具有确定性。不错，空间形态固然具有确定性。不过，请不要用"空间"来偷换"空间形态"。空间中的事件可总是存在偶然性的。难道朋友们不觉得偶然性才让这个世界变得有趣一些吗？在同样一个空间中，母子、恋人、朋友、陌生人，能够发生的事件都不尽相同，其中所蕴含的感情自然也有所区别。或许设计师可以概括出公共空间中所发生事件的共性，但若是以此强行定义各个空间的属性，是否有些武断了呢？要知道，上帝都掷骰子呢。

事实上许多设计从业人员也有所了解，在现代规划中，纯粹功能主义的弊端不断凸显。早些年，设计师和规划师试图以明确规定的空间，营造出乌托邦模式的世界。但事实却事与愿违，规定的空间反而营造出混乱的行为模式。白天的居住区和夜晚的工作区成为空城和鬼城，这里是城市中犯罪率最高的地区。这是一个极其讽刺的设计"事故"。不过，接下来要说的是更讽刺的事。

汉斯·蒙德曼（Hans Monderman）是共享空间概念的先驱人物，他的理念是"宁愿要不确定的安全，也不要赤裸裸的事故"。听起来有点扯淡的嫌疑，但仔细想想似乎也有点道理。那让我们了解一下所谓"共享空间"。

这概念最初应用于城市街道中，这种想法并非是抑制车辆，虽然其理念基本原则是把行人放在首要位置。在空间之中，减少或取消交通信号灯、人行横道等这些看起来"必要"的交通标志系统。于是，各种类型的交通用户都没有明确的交通优先权，每个人被迫集中注意力观察行人和其他车辆的动向。

这听起来似乎是个混乱空间，但确实在某些地区，这类空间大获成功。例如维也纳的玛利亚希法大街。在改造前，原本不宽的街道几乎都被汽车所填满，不仅交通通行十分困难，也导致了许多交通问题与社会问题。改造中，1.8千米的街道被分为3个区域，除中间的人行区域外，其他两个区域以共享空间的概念重新设计。设计者移除了所有的交通信号灯，只建造了单一的人行道路（人行道具有独特的铺装形式）和街道装置。但令人惊奇的是这个空间中的交通事故显著减少，提高了行人的安全性。另外，噪声和污染已不是这条街道的问题。因为在这样的空间中行车，司机要更加小心，减速慢行的同时还四下关注行人。这样更多的司机在有类似路线选择的时候会放弃这条路线，同时在这样的道路中行车的司机则更加谨慎。

汉斯·蒙德曼
（1945.11.19-2008.01.07）

荷兰交通设计大师，其对传统交通系统发出挑战，率先提出共享街道概念。

这是对现代交通规划的讽刺，也是对纯粹功能主义的讽刺。设计师和规划师为了规范交通而费尽心思设置的交通信号系统，居然还不如没有来得有效。

这样的例子在当下的社会中越来越多，共享空间的概念也被很多国家所接受。这让我想起中国老子所提的"无为而治"。老子认为："我无为，而民自化；我好静，而民自正；我无事，而民自富；我无欲，而民自朴。"无为并不是无所作为，而是顺其自然，不做过多的干预，相信和尊重自然和社会的力量，只在其中加以引导而已。战国时期，齐威王时任用邹忌为相，以黄老之学为政，采用无为而治的理念，改革政治，采纳"谨修法而督奸吏，减吏省员，使无扰民"等建议，使齐国迅速出现了大治局面。西汉初期，统治者也采用黄老之学，无为而治，社会在战争后得到很大发展，出现了文景盛世。这些论文标准案例一样的例子可以说是尊重自然和社会规律，相信自然和社会力量的结果。老百姓比领导者要聪明得多，他们会为了生活，忙忙碌碌的把家园建设成符合各个人群需要的样子。"天地不仁，以万物为刍狗"，放任其自然的发展繁衍，也许要比妄加干涉更符合自然和社会规律。至于需不需要什么自上而下的强行定义过程，大概也是其中自然发展的一个结果。

一些设计师在二十世纪就已经开始思考这样的问题。他们不以纯粹的功能为设计出发点，而是先利用一个"空"的空间来营造场所的氛围，再适当布置进功能，或者根本就没有具体针对性的功能设计。他们认为空间不应该被功能定义，空间之所以为空间，是因为它是空的。空间应该有可容万物的属性。

当代设计师难免有些自以为是，擅自为空间和使用者下定义，虽然可能是高效工作的一种方式，但出现混乱也在所难免。也许只是功能主义在诞生之时对于功能的定义范围太窄。空间中的事件多数是自然发生的，而不是被定义的。不论如何，一个设计师，首先应该尊重空间。

二

功能主义是现代设计中最权威的词汇。但它实在是太无聊了。

当然，功能主义的产生和流行，并不是毫无道理的。但凡事不能绝对，特别是设计，若是讲究必须是这般，或是必须是那般，那么设计恐怕会失去原本的生命力。设计在被设计师不断的"思考"之后，渐渐从场地脱离而上升为设计师的思维时，就导致了这样"无聊"的问题。虽然下面这个想法略显奇葩，但我仍然想提出来；毫不留情地说，功能主义可以认为是设计师"想象"的结果。

设计中，一个场地的功能，在事实上并没有发生，最多只是在图纸上发生了。在规划和设计中，只是凭借着设计师所收集的材料和经验，甚至是个人或者个别团体的主观臆想就能做出一个看似合理的功能划分。这可以说是设计者的预测，可能预测得准确，但也可能不是。从某种程度上来说，这也可以认为是设计者的想象。

"空间不该是设计师（建筑师）的主观意念，而是根据人类行为操作的结果。人的活动赋予空间以灵魂和意义。反之，空间也对人类行为起到刺激和引导作用。"伯纳德·屈米（Bernard Tschumi）从使用者行为第一的角度阐释了空间的形成和意义。功能主义与之对比，显示出的是设计师的一厢情愿。

伯纳德·屈米

世界著名建筑评论家、设计师。长期担任哥伦比亚大学建筑学院院长。代表作有巴黎拉维莱特公园、东京歌剧院等。

别以为自作多情的规划设计只会出现在早期的教条式功能主义逻辑体系下。如此情况在现代规划设计中也不可胜数。在国内，比如一个林业方向的公园规划，类似于国家湿地公园或者国家森林公园，规划者有可能根据国家所指定的政策和规定，强制性的给场地划分出几个功能区块。下位设计者来到场地考察时，不合理的定性划分常常使得设计师骂娘，但也只能无可奈何。规划师和设计师在工作时都是理性的，但很显然他们的"想象力"是不同的。这样的规划断层比比皆是。其源头有二，一是规划者在规划时的主观"想象"；二是规范的制定者没有给出足够的弹性空间，使得规划在教条式的功能主义和自上而下的模式里进行。面对这样的问题，规划设计体制难辞其咎。为了高效而制定的体制，本质来源于所谓的功能主义。这就直接引导了设计师有限的想象。

设计师或者规划师，将场地想象为一个功能体。比如小区设计中，一个简单布置了健身器材的硬质场地被设计为老年人活动区。也许老年人真正喜欢的是在这个场地边上——大型乔木下的草坪空间。我也常常看到树下座椅上的老人数量要远远大于使用健身器材的。相反，使用健身器材的多是14岁以下的儿童。之所以如此设计老人活动功能，只是因为老人需要健身吗？设计师关注过老人需要何种空间吗？或者设计师愿意引导老人在何种空间中停留呢？在追求高效的时代，这种简单且粗暴的逻辑和设计师的想象反而给场地空间和资源带来极大的浪费。

在一个功能主义是设计最强词汇的时代，似乎想要找到其他的设计体系非常困难。难道其他的体系就不讲功能了吗？当然不是！功能必定是需要满足的，但并不是为了满足功能就一定要从功能角度出发去发展思路。满足功能不可能有错，但功能一旦成为主义就有了问题。"主义"将功能一词纳入一个宏观叙事系统之中，并且成为一个最强指导，场地失去各自的独特性逻辑。各个性质的项目纷纷效仿学习，几乎所有项目用了同一套逻辑体系思考设计，一个又一个想象随之诞生。

　　想象并不是一无是处的，设计需要丰富想象，甚至是童话般的思维。既然是想象，为什么只有功能主义这么一种？作为想象而言，不能更加丰富一些吗？

　　法国的拉维莱特公园在设计时，设计师对于其中的许多区域并没有给予明确的功能定义。也就是意味着，公园中许多空间定义是十分模糊而有弹性的。这样在不同的时间或者不同的事件发生时，空间可以给出足够的应对措施来达到不同的目的。这是空间弹性的优势。那么，设计师在设计这样的公园时难道没有想象吗？答案当然是肯定的，而且对于空间内的活动还思考得十分丰富，所以设计师才能得出这样弹性的空间。这是设计师对于空间使用功能的思考。空间弹性，便是设计师的想象。

　　之前的例子似乎有将读者引向弹性空间的嫌疑。我不排斥弹性空间，但是或许有些出人意料，我并不认为这就是一个唯一正确的答案，尤其是不认为这是放之四海而皆准的真理。因为，首先我并不相信存在这样的真理，其次，退一步言之，与其说放之四海而皆准的真理是弹性空间，那还不如说是实践中不断应用的功能主义。普世的概念容易成为宏观叙事的"主义"而推广开来，一旦成为了"主义"，就意味着有被迷信的风险。可能不同空间的具体弹性就是如郑元勋所言中的"不可传"的其中一部分，"园有异宜"，怎么能一言以释之。弹性空间始终是一种应该存在的选择。设计师的想象也并没有什么不好，关键是不要自作聪明地以为有限的想象就是"异想天开"了。

　　当年的功能主义也许发展并不完全，后来人应用功能主义的方式也不怎么样。但如此流行理论或者原则总会慢慢发展成熟起来。在当代设计中，越来越多的设计团队已经认识到这个问题，不去追求那些不实的过去式，也不一味去相信什么原则或者理论。虽然其他的"想象体系"需要进一步的完善，但是我们必须要确定一点。能告诉我们场地真相的，只有场地本身。

青蛙不能死

建筑的青蛙跳出去了，园林的青蛙快死了。

罗比特·文丘里
（1925.06.25-2018.09.18）

著有《建筑的复杂性和矛盾性》
（1966年）和《向拉斯维加斯
学习》（1972年）等，在现代
主义批判了古典主义之后，首
先站出来批判现代主义的建筑
设计大师和理论大师。

自从杜尚将小便池拿进艺术展那刻起，啥都能称为艺术了。自从文丘里将报纸印墙那刻起，啥都能叫建筑艺术了。但是园林，长期以来什么都是园林艺术，而所有的园林艺术也一直存在反对的声音。

事实上艺术与建筑的例子并没有那么浮夸，这些只是意味着一个多元化时代的到来。之前提到的文丘里，其所著《建筑的复杂性与矛盾性》就是建筑后现代理论的开端。在以柯布西耶和密斯为首的现代主义"侵略"全球之时，文丘里以一种极端的方式站出来，反对现代主义的理性至上和科学至上的逻辑；主张多元论，反对中心主义；怀疑理性和科学能带来自由和解放。他所作出的巨大贡献不是设计了什么建筑，而是解放了建筑师的脑子。

说了这么多绕来绕去的理论和主义，总之就是，现在流行的思想认为，建筑当然是存在复杂性与矛盾性的，并不是单纯解决基本功能的白盒子或者玻璃盒子。那么，说到底，这些复杂和矛盾的东西有什么用？基于我所理解的思想，提出有什么用这样的问题本身就已经是理性和科学的逻辑思维了。实用主义和功能主义可能在这里并不适用。用来干什么可能没那么重要，是什么可能更重要。因为用来干什么是不确定的。

建筑可以满足最基本的使用功能，但是也能在特殊时候或者不同时代承担一些本来不属于建筑原本意图的功能。甚至于传统的基本功能并不见得非得满足不可。很多时候我们在确定什么叫"基本功能"的时候，给予其过于扩展的定义。当我们放弃传统行为习惯所指定的规范时，空间中会发生意想不到的

"行为事件"。意大利建筑师卡洛·斯卡帕（Carlo Scarpa）在设计中将推门故意设计得很重，这样需要进入者用力才能打开；他将楼梯台阶设计成不一样的高度，需要人小心翼翼地去行走和判断才能准确无误地踩在每一阶上。我们都有判断台阶失误而险些摔倒的体验，也有幼年时推不动门的经历。斯卡帕的设计目的很简单，就是想让人的身体和他设计的建筑发生足以让人意识到的关系。他显然不是以功能主义贯穿整个设计的设计师。

当功能不成为一种主义和设计最终目标时，是否可以作为设计过程中的附属品而间接实现？如果真是这样，那么设计的最终目标不再是单一的，内容就丰富起来，设计成果也将充满想象力。

事实上太多的理论叙述并不是我的目的，但我能力有限，很难用通俗的语言将这个现象阐释明白，案例可能才是能帮助设计师逃出枷锁的工具。台湾建筑师黄声远是一个十分与众不同的建筑师，他的作品一直都脱离传统的审美标准，给人以完全不同的空间感受。他的代表作——津梅栈道，让我深受感动。这看起来是在一个车行桥下方悬挂的一条人行步道，但它与一般的人行步道不同。它并不如现代设计中人工与自然鲜明的结合与对比，也没有古典设计中那种繁饰与优雅。它就是一条窄窄的人行桥，最窄的地方只能通过两个人。桥上部分铺地是透明的，单单从单体设计上看，很难看出透明部分的分布逻辑。藤本植物缠绕在桥上，并没有像现代设计那样元素分明。这里好像是一个"老"设计，似乎经过了漫长的岁月，这些植被和桥梁的结构似乎是一起生长的。除了随风摆动的钢铁芦苇，这里几乎看不出我们传统院校里所提倡的"设计感"。如果各位同学在学校里做了这么一个东西，老师一定会告诉你，你做的设计不明确，路也太窄，是不是不符合规范？

但我喜欢这个设计。

不同的空间逻辑产生不同的空间形态，那么这个"奇奇怪怪"的桥的逻辑是什么？从设计师黄声远口中，我们得知一个充满诗意的设计理念——

"路窄一点，人可以相遇，灯暗一点，鸟可以休息。"

这是一个在台湾宜兰的项目。宜兰并不是什么大城市，耶鲁大学毕业的黄声远因为喜欢宜兰的风土人情，反感大城市的"快生活"，于是就留在了宜兰，成为一个"乡土设计师"。他在宜兰看到的，是人与人之间和谐的关系，这些关系充满了他的设计。

津梅栈道是连接两地重要的交通渠道，桥原本完全是车行道，行人非常

卡洛·斯卡帕
（1906-1978）

意大利建筑界殿堂级大师，建筑大师中的艺术家，代表作有布里昂家族墓地、维罗纳古堡博物馆等。

黄声远

著名台湾建筑设计师，只在宜兰做设计的建筑师。颠覆传统设计认识，旨在打造将建筑与生活结合的诗意空间。作者最喜爱的设计师之一。

津梅栈道

连接宜兰旧城巷弄和北岸津梅田野的车型桥梁下悬挂的人行道。在深圳第二届"中国建筑传媒奖"颁奖典礼上，黄声远的宜兰"津梅栈道"是以最高票数入围"最佳建筑奖"的作品之一。

不便，设计师考虑到两地居民的生活习惯，得出桥上应该要有一条步行道的结论。于是这里自然将成为人与人相遇的场所。他想在这个桥上体现出当地人与人的和谐关系，并且将这种美好保留和发扬下去。人的相遇本身就应该是一件美好的事，特别是在这个网络横行的年代更是如此珍贵。并不是场地条件不允许他做一条宽一些的桥，黄声远是有意为之的。

那些透明的铺地，简单从设计模型上看并没有什么逻辑，但是结合外部环境就有了。透明的部分是为了让行人在桥上能看见水。设计师不仅对桥进行了设计，还对桥下的环境进行梳理，保留并扩展了原有生态环境。现在这里是小孩们的乐园。桥下的秋千荡起来还会发出"吱吱"的金属声，整个画面与声音充满了童年的感觉，我相信使用这秋千的材料都是有目的的。再看看钢制的芦苇，它们居然会随风摆动。很多人很奇怪，为什么大设计师会设计这些象形的东西？答案很简单，因为喜欢。当地人喜欢，设计师也喜欢，那就去他的传统审美。这里一切看起来很随意，没有突出的外形，也没有规范的模式。栈道的线形甚至不是直的；变化的铺地乍一看显得混乱；场地边界木板的铺装也没有对齐，呈现出院校里批判的"狗啃"形态。但整个场地充满了民间和谐的气韵。作为一个建筑师，却在桥下的景观部分做出了亮点。河道两侧是自然的树群，大概是场地原有的树木，歪脖子树居多（这个如果也是设计种植的，可以说只能拜服了）。场地没有多余的东西，一般设计师的过度设计手法完全没有出现。河岸就是一片倾斜的草坡，两边设置了一些边界不规则的活动停留场地。桥下几个秋千是如此的简单却又如此动人。就是如此简单的手法，在这个适当的位置产生了不可思议的火花。这里成为孩子们的天堂、文青的拍照地，桥头还时常可见社福馆的老人在休憩。当我第一次了解到这个作品时，膝盖都有点发软。建筑师黄声远找到了场地的"复杂性和矛盾性"，摆脱了建筑形态的枷锁，摆脱了专业对具象反感的枷锁，甚至摆脱了规范的枷锁。

不得不说，建筑这只青蛙跳出来了。

路宽路窄是一对矛盾，功能与艺术也是一对矛盾，设计师与使用者，在某些程度上更是一对矛盾。矛盾的两个方面都充满了复杂性。不仅仅是规范和功能那么简单。

黄声远是一个建筑师，但他令很多风景园林设计师汗颜。他的设计逻辑是很多风景园林设计师难以想象的。有人问黄声远诗意是什么，黄声远的解释也不算解释："诗意不用解释，你肯定是知道的，天生就能感受到。"那为什么我们这个时代感人的设计（特别是园林设计）如此之少呢，是什么枷锁困住了我们的想象和感受？

津梅栈道

津梅栈道

规范和理论锁住了设计师，而粗放的城市化现象锁住了民众。

在一遍又一遍的规范训练中，设计师逐渐丧失对于设计本质的思考和想象力。在一个时代背景下，超出规范的设计是难以被实施的，于是设计师们便不再往规范和一般套路外的领域去尝试和想象了。

同时，在这样粗放的城市化背景下，普遍低劣的整体城市环境和粗放且追求高效利益的思维方式，大幅拉低了公众对于空间品质的心理预期和评价标准。在逐渐熟练地应用平庸空间之后，设计师和决策者也渐渐丧失了对于空间和情感的体会能力以及想象力。

温水煮青蛙。

煮死了设计师的想象，也煮出了"只爱花"的群众。

建筑是充满复杂性与矛盾性的，这点毋庸置疑。那园林是否也是如此？好像很少人会去提出这个问题。我觉得原因有三，一是自古以来，艺术性就是园林的灵魂，园林本来就是充满复杂性和矛盾性的，只是近年来似乎发生一些变化，园林成了生态和工程以及政绩的代表。二是现代设计师在设计时压根不管什么复杂性什么矛盾性，满足了功能就能交差了。设计师自我堕落成了温水里的青蛙。三是大众习惯了低质的环境后，对跨越式的优越环境有着陌生和迷茫的抵制，失去了跳出温水的需求。

设计而言，满足功能，没有人会说你是个不合格的设计师。我尊重这样的设计师，但反感这样的设计。因为大众的迷茫有一部分是设计师的责任。

当青蛙自身意识到身处逐渐烧沸的水中时，才能趁着还没被煮死，自己跳出来。

场地屠杀

　　洋洋洒洒地写了几万字算是随笔的文章，可能读者粗略地一瞥，实在不知道我在讨论什么问题。我是在反对当下的生态潮流吗？其实不然，只是在试图找回模糊的专业本质，另外我在后文的《山水城市》里提及，生态是必要的，只是我们在做所谓生态设计的背后价值应是我们首先关心的。那么我是在反对功能主义吗？当然也不全是，迷信任何主义都应该是被反对的对象。不过功能又是绕不过去的话题，毕竟我自己总在做功能分区，就连我写的这些文章也有类似的分类逻辑（也许并没有清晰的分类，关于这件事我也很遗憾）。那我肯定是在反对自上而下的规划模式了？不，我也很矛盾，如果没有规划，那会怎么样呢？不敢想象，自上而下的模式的确存在弊端，但不代表就该抛弃它了。那么这些略带批判性的文章到底在说什么呢？

　　总结起来，我反对的就只是一件事——场地屠杀。

　　至于场地屠杀，我们不着急解释，先看一个相关的心理学实验。实验名为米尔格拉姆实验（Milgram Experiment），又称权力服从研究（Obedience to Authority Study）。

　　实验小组在报纸上刊登广告并寄出许多广告信，招募参与者前来耶鲁大学协助实验。实验地点选在大学的老旧校区中的一间地下室，地下室有两个以墙壁隔开的房间。参与者年龄从20岁至50岁不等，包含从小学毕业至博士学位不同学历背景。实验小组告诉参与者，这是一项关于"体罚对于学习行为的效用"的实验，并告诉参与者他将扮演老师的角色，以教导隔壁房间的另一位参与者——学生，然而学生事实上是由实验人员所假冒的。

老师被给予一具据称从45伏特起跳的电击控制器，并被告知这具控制器能使隔壁的学生受到电击。老师所取得的答案卷上列出了一些搭配好的单字，而老师的任务便是教导隔壁的学生并开始考试，学生会按下按钮以指出正确答案。如果学生答对了，老师会继续测验其他单字。如果学生答错了，老师会对学生施以电击，每逢作答错误，电击的伏特数也会随之提升。实验最大电压为450伏特——足以造成生命威胁的电压（人体安全电压为36伏特）。

参与者将相信，学生每次作答错误会真的遭到电击，但事实上并没有真的进行电击。在隔壁房间里，由实验人员所假冒的学生打开录音机，随着电击伏特数提升也会有更为惊人的尖叫声。当伏特数提升到一定程度后，假冒的学生会开始敲打墙壁，而在敲打墙壁数次后则会开始抱怨他患有心脏疾病。接下来当伏特数继续提升一定程度后，学生将会突然保持沉默，停止作答、并停止尖叫和其他反应。

一些参与者在实验时都表现出希望暂停实验以检查学生的状况。一些在到达135伏特时暂停，并质疑这次实验的目的。一些在获得了他们无须承担任何责任的保证后继续测验。一些则在听到学生尖叫声时有点紧张地笑了出来。

但实验关键之处在于若是参与者表示想要停止实验时，实验人员会依以下顺序这样子回复他：
　　"请继续。"
　　"这个实验需要你继续进行，请继续。"
　　"你继续进行是必要的。"
　　"你没有选择，你必须继续。"

如果经过四次回复的怂恿后，参与者仍然希望停止，那实验便会停止。否则，实验将继续进行，直到参与者施加的惩罚电流提升至最大的450伏特并持续三次后，实验才会停止。

在进行实验之前，米尔格拉姆曾对他的心理学家同事们做了预测实验结果的测验，他们全都认为只有少数几个人——1/10甚至是只有1/100，会狠下心来继续惩罚直到最大伏特数。

结果在米尔格拉姆的第一次实验中，65%的参与者都达到了最大的450伏特惩罚——尽管他们都表现出不太舒服；每个人都在伏特数到达某种程度时暂停并质疑这项实验，一些人甚至说他们想退回实验的报酬。但是没有参与者在到达300伏特之前坚持停止。这个实验所揭示的事实可怕之处便在于此。

许多人在一个规定的制度框架内并不会思考自己行为的目的，只是为了完成工作而工作，我们将这种思考方式称为"工具理性"。从字面意思可以简单理解，这时候工作中的人成了一种工作的工具，这是集体的无意识，是制度、规矩形成的意识洗脑。被洗脑者就如同实验中那65%的参与者一样，只知道完成任务，似乎完成任务就是他们的最终目的，而根本不在乎这目的是出于什么样的缘由。实验中居然没有参与者在达到300伏特之前停止，"工具理性"思维影响的程度可见一斑。

米尔格拉姆实验被用来研究纳粹屠杀。

明明自己的邻居、伙伴、同事甚至情人就是犹太人，为什么德国人会如此残忍的让他们消失？答案就像实验里两个相互看不见的房间一样，这样的结构使人所面对的对象变为抽象而没有个性的"学生"。在屠杀发生时，他们被抽象认为是"敌人"。德国人，甚至许多犹太人，就在完成自己的工作——按下"电机按钮"，他们麻木地重复被告知的工作，无意识地遗忘了这工作背后的价值取向，以至于酿成了世界性的悲剧。"敌人"的痛苦对我方就是最大的满足，不用在乎"敌人"是谁，总之有个"敌人"就对了。

与犹太人屠杀相同的逻辑，也不断地发生在设计工作中。拿着图纸的设计师与真实的场地存在于"两个隔绝的房间里"，设计师是很难理解场地的。许多工作只是在一个看似高效的规范系统内完成的。即使对于地形研究的透彻，也难看到场地外部环境的场所感；即使对于区域情况有详细的了解，也难感受场地昼夜的区别与当地的气候影响；即使对自然条件有全面的考察，也难照顾当地居民的生活习惯与对场所的认知。还有无数关于政治、经济、民俗、文化、生态，乃至居民的琐碎日常以及外来游客的喜好等因素。难道只拿着一张图纸工作的设计师，不是只是在重复的按下"电机按钮"吗？

我将之称为"场地屠杀"。

在我们中国的历史里，"场地屠杀"难以发生。因为过去是没有职业设计师的。古代文人是在场地中做设计，他们的嘴比他们的手要有用得多。这样设计者与场地不断发生着直接的关系。也许是设计的工作模式，又或许是新的设计工具，导致现代设计师与场地隔绝，从而完全失去了对于场地及其中发生事件的怜悯。我们所画的一条线常常就是在场地上砍的一刀。刚刚毕业的学生，从过去的练习进入真正的设计之后，即使以往的设计成绩再好，往往也对于下笔有着天生的恐惧。砍惯了木偶的新兵，自然对鲜血有恐惧。这许多时候是出于对于场地的感情纽带以及对赋予自己责任的价值怀疑。但重复性的工作，就如同实验员让其"请继续，你没有选择"的话语一样，将其变成了一个屠夫。我常常惊讶于"有

经验的设计师"对于场地毫不留情的改动。原有场地面目全非之后，似乎出现了
一个理想的场所。我不敢妄定对错，毕竟每个场地有所不同，但我时常对于这样
的大动作感到心惊与惋惜。

不管是被盲目崇拜着的主义，还是自上而下的规划，又或者是停在理论上的
生态，都是与场地所隔绝的存在。无意识的设计师在重复自己工作的同时遗失了
本来的价值取向。这是"工具理性"在作祟。与"工具理性"相对的，也可以认
为能够拯救"工具理性"思维的，是"价值理性"。"价值理性"是关于当下从事
的事件原因的思考理性，当事人会去思考所做之事的原因并且对此有自己的价值
取向判断。

当设计师不再从工作和任务的角度去理解设计时，那设计的原因和内容
就丰富起来，不管是文化、社会还是生态、经济。场所将变得实在起来。世界
上没有两片相同的叶子，更没有两个相同的场所，每个场所的价值自然是不同
的，那自然也不会有相同的设计。但设计师的"价值理性"是什么，我没有办
法完全阐述，概括性的描述也没有太大意义。因为只要不是为了任务，那么有
价值的东西就太多了。我总认为在用语言概括时会产生缺陷，不过案例却是实
实在在的。在后文中，我将会逐步列出设计案例，这些案例的背后逻辑大概是
能够构建起我所要告诉大家的"价值理性"。在一些设计中，我们可以看到设计
师提取常人忽略的资源价值，例如后文中将提到的**朱育帆**和他的青杨；在一些
设计中，我们看到设计师从空间的角度关心人与人之间关系的价值，如后文还
会提到黄声远和宜兰（对，后面还会有他的不同作品，而且不少）；还有一些
设计，设计师则隐约体现出传统文化于今之场地的价值，如后文的三谷彻与地
平线。

朱育帆

清华大学教授，活跃在当代中国
最具有传统气息的风景园林设计
大师。作者最喜欢的园林设计师
之一。

记忆中的竹炮

我小的时候十分喜爱一种自制玩具。那是只在我外公生活的那个小镇的记忆。

外公家是典型的民间自建宅子，房子两层，一层是砖，二层是木。我对于房子最清晰的记忆是有人在二楼活动时，楼下听到的木板吱嘎吱嘎声。房子里除了外公，还热闹的住着两家亲戚。老房子的方位是典型的坐北朝南，北边是一座小山，因为在后门外面，一般都称作"后门山"。我的自制玩具——"炮炮"，就在这后门山上。

记得大概是十一二岁的时候，我会跟着表哥到后门山上。大概是没什么人来，山上全是"乱七八糟"的林子，连个落脚的地方都难找。那时候我只认得竹子，别的植物对我来说都是一个样的。竹子是与众不同的，因为竹子是制作"炮炮"的原材料。表哥在林子里走得很熟练，他总能找到几棵大小合适的竹子，然后就拿着镰刀又砍又折的弄回家，我就屁颠屁颠地跟在后面。回家后，竹子会被截成大约8厘米长，用来制作炮管。再找来木筷子，用小刀修一修，削成正好插进竹子空心位置的大小。最后再拿一段2厘米的竹子套在筷子上，做成一个把手。这样一个高级"炮炮"就做好了。枪炮永远是小男孩的最爱，再加上这"严丝合缝"的手工，简直就是一件艺术品。拿卫生纸搓成一小团，沾水之后塞进炮管，瞄准目标后使劲将把手压下。空气压力会将卫生纸做成的"炮弹"迅速打出。一个好的炮，大概能打十多米。当地的孩子对此十分熟悉，他们还能用一种植物的籽来当炮弹，不仅威力大射得远，还省去了沾水的步骤。拥有一个优质的竹炮，对于一个小男孩来说可是件神气的事。为了制作一个打得够远的"炮炮"，就必须要注意竹子的形状、空心的大小、削筷子的手艺以及弹药的质量。而且炮炮必须泡在水中储存，否则竹子干了，效果就不好了。这可太难了！就这么一个东西，够我折腾好几天。可惜我总是没办法独立做出一个好炮，制作过程常常是少不了表哥的帮忙。大概是我老在县城里，接触的少，没有表哥的制作技能熟练。当时总是有一种"要是能一直住在这多好"的感情！但是想想，还是回县城的好，因为我得和小伙伴们炫耀炫耀我自己做的玩具。嗯，对，就当是我自己做的，他们肯定没见过！

我相信不少小地方的孩子都曾经有类似于我的这种"乡村情怀"。这样的设计想法、工艺和山上新鲜的竹子，是城市中任何一个超市和玩具店没有的。我喜爱这个玩具，也热衷于这个制作过程，以至于后来"炮炮"莫名的遗失后，我一直怀疑是哪个小孩嫉妒我的手艺才偷走了。

更令人遗憾的是十多年之后，当我回到原来的那个小镇上，已经找不到玩这种玩具的小孩了。因为后山上的竹子没有了，甚至连后山都快没有了。一栋栋小小的看起来"设计过"的楼房替代了原来的杂乱竹林。我的这点小情怀，也不知道该寄托何处了。

那些杂乱的竹林，在现代城市发展中是没有用的，我的情怀，对于现代规划而言，当然也不值一提。在追求乌托邦式的城市中，完美、确定的社会模式和高效的生产方式才是他们组成结构的基本原则。那么"炮炮"这种"没用的东西"是绝不被容下的。

但我一直在疑惑，为什么这么大的世界，却容不下这点小小的情怀呢？

我是个话都不太容易说清楚的人，所以我本

身对于语言和文字的表意是非常恐慌的。

事实上，不管作者用何种方式去表述，原本

的思想与表述的语言之间必然还是有差距的，读

者所能接收到的信息与作者表达的内容依然存在

距离。于是我想了一个办法，这也是我这些文章

的基础构架。我用大量与主题看似不相关的东西

堆砌起来一个集合，这些元素也许是在思维逻辑

或者认知方式或者历史发展进程中与我们所谈的

主题有着间接的关联。我的目的是从各个方面组

合成一个相比主题更大的集合，更大的集合意味

着更大的表意范畴。如此，读者就有更大的接受

空间。这样或许其中的逻辑会不太顺畅，但没关

系，我所用的方式都是片段的，读者可以自行拼

接整理其中的思想。如果没有缺陷给别人补充与

修复，那如何叫抛砖引玉嘛。

但是为了让读者了解到我的想法，我总得组

织一个自己的逻辑，于是我就得"装出"一副在

系统表述的样子，那么就有了这一卷。

这卷的内容散乱，从理解设计的基本结

构——语汇，到对设计基本态度的倡导，再到一些

我个人认为基于这些态度而衍生的设计方法介绍。

虽然这里每一项内容都不能被认为是具体的，但我

想其中表达的关于设计基本思维方式（也许是思维

方式的基调），已经建立起来了。

卷 三 基础性思维

专业语汇

《建筑语汇》

爱德华·怀特著，是一本介绍建筑专业独特且基础表达方式的书籍，是建筑设计者的参考书，构想的表达方式对建筑设计师至关重要且必须掌握。

语汇指一种语言中所有词汇和短语的汇总。曾有书《建筑语汇》问世，几乎包含了建筑所用的各种最为基本的形式语言和空间形态。相对于各种词汇和短语，本质的"语法"也容易通过对这些语汇的学习而掌握。虽然说在建筑领域，早就有很多类似的提法，但在园林行业里，这应该还是一种新颖的研究方式。以语言的角度来研究一门与语言无关的学科，有趣的是仔细想来却是非常的形象。

建筑语汇包括建筑空间、交通流线、建筑造型、基地因素、建筑结构、功能分区，当然还包括各种主义和潮流等。这些元素处处体现着最基本的建筑学素养，或者称之为"学科逻辑"。很显然每个学科都应该有自己的"学科逻辑"，即语汇。这就如同每种不同的语言有自己的语法和词汇一样。各个学科之间的语汇不尽相同，这就是所谓跨行如隔山的原因。虽然这些学科逻辑在行业内部是显而易见的，但却少有文章会系统的介绍自己学科的语汇。门外汉显得不专业的原因就是不懂其中的逻辑，却总是套用别的学科逻辑（不知道我算不算这种情况），或者压根就找不到头绪。由此可见一个学科语汇的重要性。

不同学科的语汇就像英语与汉语一般完全不同。更令人头疼的是，相同学科之中也存在略有不同的语汇——每种语言还有自己不同的方言，这就相当于同一学科中不同细分学科的区别。虽然整体逻辑或者语法类似，可能却是两个不同的系统。例如西方园林和东方园林同属于园林，但是明显的两种不同"方言"。

建筑语汇中，一些对于建筑外部环境的思考对后来的风景园林设计中的建筑外部环境产生一定影响。不仅如此，其中例如建筑造型、功能分区等，也辐射到风景园林之中。风景园林当然也有自己的语汇。那么风景园林语汇究竟应该包括哪些内容？我个人妄自认为，大致包括技能语汇和认知语汇。

深入的话，应该就能认识到各个"方言"的差别，比如空间格局的分类，围合空间的方式不同，植物材料的不同，不同设计认知等。

我不愿意详细扩展开去探讨园林专业技能语汇。它作为一个入门设计师的基础学习还是比较合适的，但是如果变成一个行业标准，那会是很可怕的枷锁。一个资深设计师在了解项目之后，看到平面图就能马上反应出这个设计到底是好是坏。这就是熟识其中语汇的结果。但是一个"大师"见到相同的平面，也许就会犹豫了。因为单单只一张平面中所包含的语汇，无法表达一个设计师对场地的全部"语法"。还有一些其他可能性——或许你见到的只是另一种"方言"，与你所熟知的语汇不同而已，但这不代表着用这种方言唱歌不好听。譬如很多北方人听不懂粤语，却也很喜欢粤语歌。

在校的时候就听说过这样的例子。要将中国的古建造得好看，最大的技巧就是千万不要按照《营造法式》去营造。这听起来很矛盾，却不无道理。《营造法式》就是后来人所推崇的古建语汇，但不按其中标准造房却是大师之中的"不传之秘"。

看来，从单一的语汇中挣脱出来，是释放设计生命力的捷径。

那么如果一种"方言"，或者一种语汇应用到另一种语汇的逻辑中，会得到什么结果呢？日语中出现大量的外来语，结果丰富了日语的内涵。这是个十分有趣的现象，在风景园林中也有类似情况。比如建筑背景的设计师在设计园林时，就能明显看出建筑语汇的痕迹。这和风景园林背景的设计师有明显不同。如果有更多的跨专业语汇应用到一个学科中，跨学科的效应会让这个学科文化大爆炸，生态就是让风景园林爆炸的语汇之一。

跨学科的应用是很不容易的，因为各个学科的"逻辑门槛"很高。业内的专家总是带着经验主义的眼光阻止门外汉的入侵。但认识和现实的关系总是暧昧不清。上士闻道，勤而行之；中士闻道，若存若亡；下士闻道，大笑之。这是是否能接受与自己认识之外现实的不同结果。人总是会听到自己喜欢听的，忽略自己不爱听或者不懂的事。当一个设计师面对一张似乎超出自己的认知语汇之外"诡异"的图时，却不以"不好看"为由否定，那他就开始试着去接受自己认识之外的语汇了。他明白自己之所以觉得怪，是因为自己的语汇和对方的不在一个系统之中，但不并代表对方的语汇没有道理或者不能解决问题。当一个设计师能跳出行业常用语汇去做设计的时候，那杰作可能马上就要到来。

技能语汇

大空间格局、小空间围合、交通流线、园林材料、基地因素等技术类要素。

认知语汇

如功能主义、景观都市主义等各种主义，潮流，风格等。

《营造法式》

北宋颁布的建筑规范书籍。由于古代匠人造筑，因此规范也代表了中国古代建筑的基本形式。

枷锁与无意识

难得有机会可以谈些专业外的东西，我当然要抓住。这些内容看似和我们的主题无关，但相信从事设计行业的人都知道，一个设计师的对于世界的态度以及价值取向是决定设计位于何种水平的决定性因素之一。因此未来将要有更多的"跑题内容"会在文中出现，不过现在先让我们谈谈电影。

我很喜欢看电影，虽然看得不多，但总是深有感触。我不知道大家在看完周星驰的《大话西游》之后有没有这样的感触——世界是个大枷锁。我在了解规划之后，确实深有如此般的体会。

《大话西游》与其说是个喜剧，不如说是个彻头彻尾的悲剧，所有的一切都是被安排的，一切都是必然的，结局是注定的，人物小小的愿望也只能通过替身来达到满足，这或许是唯一的变数。

不知道各位在生活中是否有感受到"命运的枷锁"，我们不谈玄学，只谈谈人为的命运安排——规划。

说到这里，大家可能回忆起电影里的情节，也许有人已经联想到自己的生活，不禁流下几滴冷汗。还没流下冷汗的，不急，听我慢慢道来。

可能极少人知道规划是如何产生的。是大腹便便政府官员的大笔一挥，还是银丝满头专家大师的指点江山，或者是初出茅庐稚嫩少年的焦头烂额。他们究竟是如何思考场地和规划的？是为了政绩、名声、薪资还是什么别的？想到自己的社会命运可能很大程度上掌握在别人手中，各位难道不觉得心慌吗？

这样的场景或许有点夸张，或许没有什么说服力，更有人说，工作不就是这样么？有什么好奇怪的？何况，这只是众多社会分工中的一种，不用这么小题大做吧？退一万步说，这和我的生活有什么关系？简直八竿子打不着。我想告诉你们，朋友们，你们还没有意识到自己在被规划。

大家可以想象一下，一个地区的大部分人总是过着类似的日子。这个区域的生活总是很类似：

要在规定的时间上班，在规定的时间吃饭，在规定的时间下班，在规定的时间回家；甚至，在规定的体制内上学，在规定的领域内工作，在规定的范围内买房，更甚者，在规定的时间点必须入学，在规定的时间点必须成家，在规定的时间点必须有所成就。

具体一些吧，在北京和上海这样的一线城市：人们将一个小时的时间耗在上班路上；女生到30岁保持单身；一个月5000的工资却过得十分拮据；一顿饭要花掉上万的人民币等，这些现象在一个广西的偏远山村里是不可想象的。长年在那里生活的老人会告诉你：女生30岁还没有对象就要嫁不出去了；一个月5000的工资在哪里都能过得和神仙一样；请客吃饭1000块钱绰绰有余了；他们还会对你上班浪费一个小时直摇头，反问你：北京上海有什么好的？

你生活的社会只是这个世界里一座小小的五指山罢了，这些小世界的认知要求着你不断地去符合他的标准。否则，你可能会成为一个不被社会共识所接受的猴子。马克思认为人是社会性的，但这社会性对我来说却像一部恐怖片的主旋律。一个不被社会集体认识接受的人，是容易被排在社会之外的。一个小社会就是一个框架，一个牢笼，在其中的人是无意识、不自由的。

所有的人都生活在各自的牢笼里，但有些牢笼却是类似的。你到北京的超市或者上海的超市，能买的东西大同小异。你所能想起来的对世界的基本认知，和你的朋友们甚至是一个区域内不认识的人，差别也不会太大。这类似的牢笼迷惑人们，让他们觉得这就是全部的世界了。这么说起来，是否大部分人都是一样的？大家过着类似的日子？

因为我们的生活是被规划的。我们在城市中，为了更好地生存下去，我们不会像过去一样种田，那样不仅养不活自己，还会被人笑话。我们更不会像土著人一样崇拜自然，见到闪电日食还会下跪磕头，那样连你自己都觉得愚昧。那么，为什么你会认为自己这么生活就是好的？种田和磕头就是不好的呢？你是如何确定这点，甚至你如何确定和你生活在相同小社会里的人不认同的事就一定是不好的呢？因为你总是被告知，要如此这般生活。在你不懂事的时候，父母就送你上学，接受教育；在你考大学的时候，亲戚朋友又要求你寻找一个就业机会大的专业；在你毕业之后，原来要求你这般那般的这些人，继续要求你必须成家了；在你中年之后，社会都会要求你事业有成。否则，你会被认为没文化、没能力。如果不是按照这个轨迹走，大多数人都会被认为有问题，除非你在某一方面极其突出。这就是生活的框架，就是人生的枷锁。

为了证明我不是在胡说八道，我找了两个例子。勒庞在《乌合之众》一书中提到，人一到群体中，智商就严重降低，为了获得认同，个体愿意抛弃是非，用智商去换取那份让人倍感安全的归属感。费孝通也曾阐述先于个人意志而存在的社会文化（意识）在不断的教化个人，使之符合社会标准。

个人在无意识中接受了外部社会的规划，从而形成了比外部的框架更可怕的内部的枷锁——对生活的无意识。大家仔细回想一下，自己的身边一定有无数这样的朋友，他们对于自己的生活是没有思考的。自己的行动像傀儡一样任人摆布。而未来，他们也将摆布别人。无数的框架造就了无数框架中的人，这些人的意识逐渐统一起来，却形成一个集体无意识的状态。活在枷锁里的人，几乎认识不到自己被锁住，也没有意识会去追求"自由"。鸟待在笼子里久了，会认为会飞是一种病。究竟什么是病？为什么笼子里的鸟不会想着要改变？看看历史，一般来说，革命的发起者总不是最受压迫的那一群人，因为最受压迫的那群人往往想不到要自由了，他们已经失去获取自由的意识了。真正革命的先锋，一般处于施压者和被压迫者之间。这是由外部的枷锁造成内部的框架决定的。笼子不仅是自上而下的，也常常是由于自上而下久了，反而下面的人们形成了自我束缚，上下统一的束缚变成了一个人们所认知的"命运"。又有几个人能够真正打破命运，喊出"王侯将相宁有种乎？""燕雀安知鸿鹄之志"的声音呢？

内部框架总是根据时代的不同而不同，还在古典主义时代的时候，人们并不觉得自己活在一个枷锁中，这是典型的无意识。人们对自己国家千篇一律的建筑和空间习以为常，因为千百年来并没什么过多的改变。那么当今时代的框架又是什么呢？许多现代媒体作品出现古代"男尊女卑"的思想导致女性的天性无法释放，屏幕前的我们都会觉得那时的人真愚昧、真固执。事实上，现在的我们虽然看起来比过去已经开明得多，未来的人是否也会认为我们太愚昧呢？但他们又是否真的比我们进步了呢？我们现在有没有什么观点是外部环境赋予的，而我们又集体执着的？这种无意识让人察觉不到自己处于枷锁之中，混混沌沌的生活，没有选择也没有想过要有选择这件事。

现在大家觉得可怕吗？你过的日子与身边的人似乎是大同小异的。因为这是被外部所规划的。你以为自己得到了世界上几乎所有类型的玩具，但是你不知道农村孩子在田里自己发明的游戏；你以为自己能吃到几乎所有类型的美食，但是你可能不知道在这些食物做法被发明之前，人们对美味的定义。

这枷锁当然不是那些挠破头皮的规划师干的好事，这是一个社会运行的结果。社会告诉你，跟着社会意识做，这样是最好的选择，你必须要这样做。我想到这里又有点心惊肉跳。我偶尔与朋友谈到这个问题，朋友的一句话让我印象深刻，他说"很多人没有意识到，自己的意志，并不是自己的"。我明白他的意思，很多时候我们的意志，甚至我们一直坚持的东西，不是由自己去探索世界认识世界产生的，而是由外界大环境或者大集体强加给自己的。某些方面看来，我们和鲁迅笔下当年麻木的人民相比似乎也没有改变过多少。

从历史的角度上说，我们不能把这笔账全都算在自上而下的规划（不仅是城市规划）头上，自下而上的形式也帮了不少忙。可不论是城市规划还是任何其他的规划，必定是人们的第一把锁。反观咱们的行业，对于各位的第一把锁是什么？你们是否想过要去打破？

对于青蛙来说，井口是它的牢笼，也是它所能看到的最美世界。正是因此，青蛙是难以被教育的。当然，我也放弃了对蛙弹琴。温和地说，让他们自己学会跳出来是最好的选择。激进一点的话，我们也许可以努力把井口炸了。但这也意味着落井下石的风险，炸死几只青蛙在所难免。

尊重世界

尊重，大家都懂。我可不是来给大家写鸡汤文学的。试问大家真的试着去尊重生活、尊重自然了吗？作为一个与自然和社会交流密切的行业，如果不能够尊重自己的研究对象，又如何能够做好设计？

一个人在工作十年之后，还能对工作保持热情，是对自己工作的尊重。

一个人在现实和爱情矛盾的时候毅然选择爱情，是对自己爱情的尊重。

一个人在面对生死与信仰的时候，坦然面对死亡，是对自己信仰的尊重。

等等等等。

这些就是大家都懂但是基本不会选择去做的事。这都只是尊重自己而已，更不用说尊重其他了。虽然几句话也难以改变现实，生活里也难有面对夸张的生死抉择，那不如先从小事开始。

一个程序员在连续加班几周之后，回到家里还会给自己买一束花，收拾干净屋子，将刚刚买来的花插好。这是尊重自己的生活。

一个设计师在设计方案被无故调整的时候坚持自己的意见而不是默默接受，这是对自己设计理想的尊重。

一个快餐厨师，会将每一份盒饭一份一份用心摆好，而不是机械化的按顺序添加米饭、肉类和蔬菜，这是对工作和顾客的尊重。

这些要做到一两次倒是也不难，但是是否完全出自尊重就很难说。

也许你是尊重自己的，但有多尊重世界，还会受到你的机会成本影响。我依然不希望以这么势利的提法来看待这件事。对于尊重世界这件事，恐怕多数人还是处于无意识的状态。也许下面这个简单的例子可以唤醒大家对于世界的认识。

中国古人认为，文字是需要被尊重的，从创造文字开始，就是一件惊天地泣鬼神的大事。中国古代，甚至早些年在偏远乡村，还保有"惜字塔"这样的构筑物。它的作用就是用来焚烧写过字的东西。古人认为，文字是不容亵渎的，写过的字不能随意丢弃的，这是对文字和文化的尊重。现在的观念看起来，这些想法看似封建迷信、愚昧无知，但其内在表现出一种对文化、历史、传统的尊重的态度，并不像现代科学想象的那般无用。

惜字塔的例子对我触动很大，我从来没有想过要尊重自己写的文字。知道这件事之后，又回想起中国传统文化，发现其中确实有很多尊重文字的传统。比如道教会画符，是把某种能量汇集到那几个扭曲的文字之上。这本质是因为他们有一个潜在的观念，文字是可以有力量的。拿画符的例子说明，可能又会略显得迷信，但道教对文字的尊重其实源自对自然的尊重。追溯到源头，恐怕是最早的甲骨文时期就已经产生了文字与自然、历史、祖先的联系（文字是远古时期的巫觋联系祖先、沟通自然、编写历史的独有工具）。当发现这么小小的东西都需要被尊重的时候，世界便不一样了。假设自己回到过去那般物质匮乏的年代，那么很多东西仔细思考起来都变得有意义了。再次见到过去不关心的东西，似乎也充满兴趣想一探究竟。这也是传统和经验赋予的意义。后来我发现对于过去曾经一直看不懂的中国花鸟画，现在似乎能感受到那个时刻这些小动物的"情绪"。这也是古代文人对自然中这些不起眼的小动物的观察和尊重，并且心生爱意，才将其画在绢本或纸本之上。不管是文字还是绘画，古人对自然的观察和小事物的尊重现在看来却显得十分惊人，这恐怕是现代社会物质极大丰富，在文化中祛魅之后所遗失的重要内涵。

如果你告诉一个人，文字具有和自然及历史沟通的力量，所以我要尊重它，不能随便把写成的文字丢弃。那个人可能会觉得，你这个人脑子有点问题。被误解为愚昧和迷信也许就是这尊重的机会成本。虽说肯定有更好的两全其美的办法，但思考这样的办法又成了机会成本了。相反的是，如果大家都不这么做，连这种选择都被遗忘掉了。

世界似乎在潜移默化地告诉你唯一的最佳选择，而你恰恰也知道什么样的选择是高效的、最佳的、最有利的。世界阐释的选择是那么合理。可是在进行选择时，面对着既定的道路，又有什么趣味与尊重可言呢？

有一回我在希腊飞往瑞士的飞机上遇到一个十分健谈的希腊老太太。有趣的是我们俩都用蹩脚的英文加比划聊了一整个旅程。正当我在惊讶她曾经将自己被打了安眠药的猫带上飞机，并且醒来喵喵乱叫的时候，飞机着陆了。更加有趣的是，飞机上超过半数的地方响起了掌声和欢呼声。我感到很诧异，四处看了一下，没有什么特别，于是回过头对着希腊老太太边比划边问"why？"。老太太挺淡淡地看看四周然后笑了笑，然后回过头对我说"Sometimes，to the captain"，接着又比划了一个着陆的手势"Successful to land"。我恍然大悟，原来不是来了啥大明星啊，只是单纯的因为成功着陆了，仅仅这么简单而已。我开始思考这件事，我们常习惯别人的工作为自己服务，觉得这是他们的职责，这些欧洲人很显然不这么认为。飞机事故率很低，与之对等的是事故后的存活率。在飞行过程中，百位旅客的生命安全都在机长的手里。机长将全飞机的旅客安全送到，这样重大的任务不是一份工资可以对等的。这些游客给予机长感谢并庆祝自己渡过了这次"冒险"，难道不应该吗？这是对自己生命的尊重，以及对于他人工作的尊重。不过当然，如果在国内这么干，别人的诧异的眼光就又成了这件事的机会成本。我也并不是非得批判什么，只是社会集体无意识使得对尊重的机会成本大大增加了。

庆幸的是，我们意识到了这点。我们明白这样的无意识之后，至少脱离出了认识框架，不再与无知为伍了。当我们意识到生活的各个细节和传统的时候，我们才会知道生活，也才会知道如何尊重生活。作为设计师，当我们贴近自然的时候，才会知道要去尊重自然，也必须要学会尊重自然。

为什么这几篇这好像和设计没有什么关系？

不，当然有关系。生活态度即是设计态度。

设计师被要求可以在山上任意一个地方进行建设。于是设计师做了很全面的调查，包括山体的高程点、当地气候条件、植被条件、山体各个区域的空间感受等。他发现这个地方降水量大，时常有暴雨，部分区域的山脚下很容易在暴雨时被淹没。设计师认识到，这是个大问题，他所设计的场地不能被淹。于是他详细查阅资料，总结了近一百年来的降水情况，然后将场地定在了百年最大水位线上不到一米的位置。设计完成了，设计师很满意，作品很杰出。十多年之后，两百年一遇的大暴雨倾盆而来。设计完蛋了。

设计师并没有忽略场地中对设计产生影响的各个要素，他错就错在以一种调戏自然抑或是完全遵循规范的态度去面对自然。设计师显然没有思考自然的种种细节，他更关心设计本身，而不是尊重自然与场地。导致这种现象的直接原因很可能是出于大多数传统安全考虑而制定的规范。规范是个大枷锁，锁住了设计师和决策者的思维，一如既往地重复要求也抑制了人们对工作的热情、思考与尊重。不管是因为调戏自然的态度，还是盲目遵守的规范，设计师很自豪地将作品摆在接近百年一遇的水位上，就是只高出那么一点点。不知道他是否想表明自己研究过降水量，又或者是嘲笑一下暴雨，戏弄一下自然，我宁愿相信设计师应该不会这么想。但规范这把锁，成了无形的机会成本。不仅戏弄了自然，也锁住了设计师，使得设计师与自然之间脱离了尊重。

这位设计师的名气和成就足以让他的设计在今天看来如新建得一般。不过又有多少人能有这样的影响力呢？总之自然最后都会告诉他，也告诉我们，不尊重的代价。

学会尊重是很难的，因为需要被尊重的事物，往往是我们光靠想象力达不到的。

未完待续……

反馈设计

规划是一项统治者视角的工作，一般人不会去想，甚至意识不到自己处于被规划之中。就算是如空想社会主义者欧文那般的富豪，也只能建立一个占地两万亩，成员数千人的"新和谐公社"。毫无疑问，这位令人佩服的理想主义者不久就破产了。现代社会发展和城市生长的动力是市场经济，与过去早已不同。但规划却依托于政府，这相对单方面主导的计划必然出现问题。

政府规划城市也有很多价值导向，许多努力成果也获得显而易见的成功。比如创造发展空间，提升土地利用率，引导便利的交通，营造优美环境等。这些规划有许多流派，比如主张乡村包围城市，控制大城市膨胀的田园城市；从功能和理性出发，形成集中而高效的垂直花园的光辉城市；以铁路交通为主导的线性城市等等。这些听起来都是不错的想法，但仔细想想，其本质还是以单方面为主导的规划设计模式。简单而言，这是一种自上而下的规划模式。这种模式自古就有，这确实是一种管理大量聚落的优秀模式。不过这未必就是唯一模式。

如果以这种模式运作方式分类的话，一种是自上而下的模式，那么另一种肯定就是自下而上的模式了。是否存在这样的规划设计模式？当然存在，不过不叫规划罢了。或许起到的作用是类似的，但其机制和结果完全不同。我们可以看看南方地区保留几百年的古城。其中的街道不像现在这般笔直，围合的空间边界也多数参差不齐。这是因为在天高皇帝远的地方，很难说有什么城市规划，有时候基于场地限制和当时的建造条件，政府所做的规划，并没有百分百落到实处，这就意味着存在弹性空间和弹性功能。这样制造的空间逻辑却像极了《美国大城市的死与生》中所倡导的形式——小街段的设置，古老建筑全部能保留，旧建筑和小商业存活下来，城市充满多元性。听起来十分美好，并

《美国大城市的死与生》

简·雅各布斯著，1961年出版，是城市研究和城市规划领域的经典名作。其挑战传统的城市规划理论，提倡具有活力的城市景观，使人对城市的复杂性和城市应有的发展取向加深了理解。

且非常准确且巧妙地避开了"千城一面"的现象。不过，如果在一个如北上广的一线城市采用这种自下而上的模式，那简直不可想象。当然，或许是想象不到，因为我们并没有那样的逻辑体系去推出应该有的结果。

之前的言论看起来具有一定批判性，事实上我仍然是个保守主义者。我更愿意在原有模式的基础上进行修正。就目前而言，自上而下规划的利还是大于弊的。我们完全可以在大的基础模式下发展更新原有模式，从而使这种自下而上的规划具有一定的弹性和准确度，如此也不至于出现"规划断层"，请给下位设计师及场地适当的"同情"。

和功能主义一样，规划出现之后，不断地有学者和实践者在完善这个体系。但我在这里想谈一谈一个鲜有人知但十分有趣的实验。

首先，又要向大家介绍一些奇怪的实验了。我们的主角是一种多细胞核的单细胞有机体。黏液菌（physarum），是介于动植物之间的一种微生物，其生理结构非常简单——网状结构，它具有向食物聚集的特性，并通过这种构造获取外界营养和感知信息。其摄取食物的方式十分奇特。黏液菌会向各个食物所在地区传输自己身体的一部分，然后以管道的形式连接，并通过在这些管道来传输管道扩增所需养分和向内运输摄取的食物营养。

2010年，日本科学家Nakagaki与英国牛津大学植物科学系Fricker等科学家们搭建了一个包含多个城市的模型。实验模仿日本太平洋的海岸线搭建了模型的边界，地形模型则是以东京为中心，添加周边城市，组成了简易的日本太平洋海岸线上的城市分布结构。科学家用黏液菌喜爱的燕麦片来作为各个日本城市的节点。用黏液菌厌恶的光照来模拟地形上的障碍，如山地等。之后一种叫做多头绒泡菌的黄色黏液霉菌被置入模型中。下面可是见证奇迹的时刻。

实验开始，黏液菌开始分枝状延伸，将身体以铺张的形式延伸至燕麦片的区域，在各个城市节点的位置存在的部分最大。节点之间以通道的形式连接。黏液菌一面以巧妙并简单的方式绕过了光照强度大的地区，一面通过通道往返运输营养物质，形成一个双向的反馈通路——通道与地区变化相互反馈。最后，一些通路看上去逐渐缩回和消失，而另一些模糊路径则逐渐加强和黏合。一天之后，黏液菌形成的通路基本稳定下来。令人惊讶的是，他们建构的食物路径与当前的东京铁路路线十分接近。这种神奇的方式十分高效，所用时间大约24小时。

研究进一步发现，虽然黏液菌每次形成的网络不相同，但这些网络有着共同特点：经常用的管道会越来越发达，而不用的管道则会逐渐消失；最终使网络的总长度尽可能短，并确保在某处中断时有其他路径可绕行。

这个有趣的实验似乎提出了一种仿生学的规划方式，但是对我们这种自上而下的规划模式有什么改善的建议呢？

仿生学的概念在城市规划中的应用并不是新的提议。人类生态学理论认为：城市与生物体一样是一个由内在过程将各个组成部分结合的有机体。一个城市甚至整个地区的发展依靠组成整个系统的各子系统之间的相互协调配合。历史上曾经出现过索拉里的模型，这是一种城市集中主义理论。把城市的商业区、无害工业区、公园绿化、街道广场等组成要素层层叠叠地密集置于一个巨型的结构中，空气和阳光通过调节器送入主干部分，而居住区则置于悬挑出来的枝干和叶片。整个城市看起来就像一个大型的城市综合体。这种想法的出发点是模仿植物的形态。

我们可以将仿生的逻辑融入大的规划框架之中，而不是将规划融入仿生之中。这样我们能模仿的可能只是生物系统运作过程中的一个机制。比如，我们注意到黏液菌经常用的管道会越来越发达。这是因为对食物量的反应对于其控制系统出现一个调节的过程。接触到食物的部分将这部分信息反馈给中枢调节的结构，使其马上反应，以便在食物过期之前做出应对策略，来减少或是增加其投入来使其获取食物的过程更加高效。我们是否可以将注意力放到这个生物机制上，而不是生物形态上？如果整个城市的结构和运作模式与一个有机体类似，那么这个反馈调节的机制有可能是我们改善规划模式的关键。

反馈调节首先是自上而下地进行命令下达，待和外界接触后，接触外界的结构又通过一定的机制对中央系统进行一定的反馈，从而调整对外界的应对策略。只要在自上而下的模式中，建立一定可以快速反馈的机制系统，对规划的高效性就可以产生影响。值得一提的是，快速的反馈机制或许连功能主义的弊端都可以解决。事实上这类机制早已经存在，但是似乎不够高效。比如很多时候规划是出现断层的，最后建设的成果和总体规划相差甚远。我们好歹要在"食物"变质之前提出新的策略来完成高效的建设。如果反馈规划或者反馈设计的机制完善而且高效，那我相信能解决不少场地问题以及建设过程中的浪费问题。

我一直在想象这么一个模型：

能否在设计未完成时，就将场地开放（解决安全问题之后）。那么使用者就能够直接接触倒还能够进行调整的场地。这应该是设想的反馈设计的第一步。

接下来，需要一个统计监管机制来记录使用者行为。这个调查团队可以由设计团队组成，也可以由使用者组成。

在一段时间之后，场地重新封闭。设计方将对使用者在场地中的行为模式进行总结和预测，并且尝试根据这些信息对原有设计做调整，或在原有半建成场地基础上进行工程调整。

在场地基本建成之后重新开放。这时原来的调查团队应该重新评估调查。是否解决原有问题，并且是否产生新的问题。

最后在第二次调查基础上，对场地进行局部调整（假如没有太大问题的话）。

这是一个很不成熟的反馈设计机制模型。其中有许多问题需要解决，比如安全问题、建设时间问题、经费问题等。但或许这是一个更加节约成本的方向。

按常理，我不该把这种不成熟的概念模型拿出来"妖言惑众"，但一方面为了文章结构的完整性，另一方面，也许更重要，是为了引发思考。设计师应该将眼光多多放到别的领域里，设计生命才能延续。也许大家看了之后会提出诸多异议，不过只要有思考，不论是关于模型、是关于黏液菌、又或是关于读者自己的经历，那我的目的也就达到了。

过程设计

一般而言，奉行功能主义的设计师是"结果设计师"。设计师首先寻找这个场地的使用者需要什么，这个工作可以称之为"因"，然后给场地划分出各个需要的区域，设计相应的空间，这个工作可以称之为"果"。一般的设计过程都是按着这个逻辑进行的。这也是常常发生"场地屠杀"的逻辑。在许多项目文本中我们可以很快地找到设计师对当地特征的寻找和抽象提取，然后转变为平面形态（更好的设计师能将其转变为空间）。这看起来很合理，有因有果，逻辑完备。

那么我们落到实际情况里，假如分析得出分别位于两个城市的小区都需要所谓"老人活动区"，那这两个设计是否可以照搬或者雷同？如果这是属于一个城镇的两个小区，那就更不得了了，因为他们的地域特征提取出来的内容是一样的。那怎么能不雷同或者不照搬？有人就会说，照搬肯定不行，因为这是设计啊。但雷同肯定是必然的了，也许根据当地的情况会各有差异，但毕竟空间是类似的。我不否定类似的空间形态和空间气质可以达到良好的效果。但如果是这样的话，是否可以归纳出一系列的空间形态和空间模式，比如亲水平台、居民活动广场等等，然后交给施工方。这样甲方就不需要设计师了，只是需要制定标准和模板的人而已。决策方需要什么样的空间，和施工队沟通，施工队拿着现成的模式图拼出来不就完成了吗？

这听起来很可笑，像是背出来的快题设计一样。朋友们，先别笑，很多设计部门就是这么干的。这是简单的"结果设计"（或者叫因果设计）得出的现象。设计可以抓住的不仅仅是场地事件发生的结果，还能强调出其中事件发生的过程或者未来事件的过程。一个原因不可能只对应一个结果，因为发生的过程是不同的。"过程"是具有很强的不确定性的，这样偶然的方式才创造出属于各个场地特有的场所精神。

很显然，不同的空间逻辑得出的空间现象是不同的。与过程相关的可能是场地区位、场地历史、经济条件、文化条件，甚至整个文明体系。抓住因果的设计师，可能很容易成为一个"合格"的设计师。但抓住过程的设计师，也许更容易成为一个优秀的设计师。

说到这里，我自己都觉得有些啰唆，是时候给大家举例子了。在这个生态潮流泛滥的年代，与过程设计契合的例子并不太容易寻找。大家可能会有点失望，接下来要介绍的这个例子就是业内耳熟能详的青海原子城。不过我想应该没有人从结果或者过程的角度对这个案例进行过分析。虽然该项目如雷贯耳，我还是有必要在这里简单重复一下朱育帆老师的设计过程。

原子城位于青海省海北藏族自治州金银滩草原。它是我国建设的第一个核武器研制基地，老一辈科技工作者在这里成功研制出中国第一颗原子弹和第一颗氢弹。原子城也称为"青海221厂"，于1995年5月15日退役。2006年青海省正式申请立项兴建集爱国主义教育、革命遗址保护和红色旅游于一体的青海原子城国家级爱国主义教育示范基地，地址选择在海北西海镇东南角，占地约12公顷，工程包括纪念馆和纪念园两个部分。纪念馆的建筑方案基本已经确定。朱育帆老师受邀设计约12公顷的纪念园部分。

设计目标是建立一个对第一颗原子弹和氢弹研究过程以及工作人员的纪念，同时培养爱国主义精神，成为爱国主义教育基地。根据这个目标，可以将设计理解为纪念性园林。传统的纪念性空间需要营造宏大、庄重、压迫的气氛，从空间模式上来说，没有哪种空间可以比轴线更具这种震撼的力量了。就纪念性空间而言，只要客观条件允许，一般都会采取大轴线的设计语言。至此，我们分析一下一般的设计思路。

目标：纪念性园林——需要空间；纪念性空间——空间特点：宏大、庄重、压迫——得出空间类型：轴线。

那么根据轴线的空间要求，我们从场地中去寻找可行性。结果是除了规划建筑之外，剩下的元素基本都要被去除。之后需要重新打造一条轴线景观，以新的广场、新的道路、新的植被一体营造出一条宏大的空间，到达终点后，提示和平之类的主题。这是一般的因果设计。

因：两弹的研究——果：纪念性园林（纪念性轴线空间）。

青海原子城

朱育帆设计的青海原子城项目是国内园林行业赫赫有名的纪念性园林作品。大概是这一代园林设计师必学习研究的经典项目。

　　不知道是不是朱育帆老师在场地调研时被当地的杨树所感动而产生了怜悯之心，他产生了不愿意采用轴线手法而将杨树全部移除的想法，并且为此对杨树展开了深入的调研。在如此令人丧失尺度感的广袤空间之中，几丛杨树虽然显得稀稀落落，却自顾自美丽的茂盛生长，难免令人震撼。朱老师通过调研发现这些杨树正是当时原子城中厂房的研究人员所种，并且因为不断护理，才有今天的样子。大部分的树木在那个贫瘠之地都是"一年青，两年黄，三年只能进伙房"。没想到就是这些杨树和老一辈研究人员一起挺了过来，杨树成就了研究人员的生存空间，而这些研究人员成就了中国的"两弹"。考虑到这里，杨树与空间，研究人员与"两弹"，这两对并列的相似逻辑就产生了。

　　也许是抱着对这些杨树的感动，朱育帆老师决定放弃轴线式的设计方法，转而采用叙事性的手法，以曲线的形式，联系场地中的杨树，形成景观序列。其中设计元素和之前传统的纪念空间设计手法完全不同了。再次分析一下这个设计思路：

　　目标：纪念性园林——场地元素：杨树及规划建筑——要素分析：杨树极具有历史意义——策略：为保护杨树而放弃直线景观，以分散的杨树为主角，设计叙事性曲线序列。

　　对比两个思路，很明显第二种思路是从场地本身的条件出发，放弃传统空间的共同性而寻找场地特殊空间逻辑的偶然性。然后抓住了场地所发生事件的过程要素，即杨树，来成为主要设计元素。设计完成后，本来的历史故事退到了叙事景观的背后，变成旁白。而杨树走到了幕前，成为了叙事的主角。就如同当年一样，见证一个一个奇迹在这里诞生。这里的设计逻辑是：

　　因：为纪念"两弹"的研究——缘（过程）：见证者和幸存者（杨树）——果：纪念性园林（叙事性景观序列）。

　　假如朱老师只探究纪念性空间的要素，由设计原因直接推出空间逻辑，那就只有大轴线景观了。恰恰相反，设计师抓住了过程要素——杨树，而不是结果要素——纪念性园林。

　　过程要素之所以精彩是因为代表了各个场地的偶然性，而偶然性是每个场地与众不同的场所精神关键点。因果的设计方式容易产生死板的设计，一方面因为对场地的理解不够深入，容易以经验主义产生雷同的空间模式；另一方面也是由于大众对各种传统空间理解的单一性。

　　过程设计不单单是指抓住过程要素的设计。另外，将设计转变为过程，也

原子城

是其中重要的部分。设计本身不作为场地主角，而是退为配角或者载体，为场地未来的发生事件提供基础条件。让我们回到"结果"这个词，结果或者因果似乎意味着场地在设计之后就结束了，起码设计工作就结束了，个人不太赞同这个观点。设计的完成和项目的建成都应该是一个场地的开始，而不是结束。如果以这个理念为指导，设计就变成了过程。

　　这里必须一提的是"过程"主义大师哈格里夫斯(George Hargreaves)。哈格里夫斯的设计理论和实践为"设计创造过程"给出明确的阐释。哈格里夫斯认为文化对自然系统会产生潜在的伤害，而生态学的方法又无视文化从而远离人们的生活。因此，他致力于探索介于文化和生态两者之间的方法即以物质性为本，从基地的特定性去找寻风景过程的内涵，建立与人相关的框架。这个框架，就是他所设计的"舞台"——一个不控制最终结果，而是以风景园林手法提供未来事件展示的舞台。

乔治·哈格里夫斯

世界风景园林设计教父级人物，曾担任哈佛大学景观系系主任。其作品重视将社会与自然结合，为他们提供融合的舞台。代表作有拜斯比公园、哥德鲁普河公园、烛台点文化公园、广场公园等。

原子城

哈格里夫斯同他的老师彼得·沃克(Peter Walker)拥有类似的观点——艺术是风景园林设计的灵魂。与其老师略有不同的是，哈格里夫斯在作品中更加体现生态与文化的融合。他以空间艺术的形式展示自己的设计观念。他一直在试图打造一种人与自然可以和谐共处的艺术空间。我们在其作品中不仅能看到充满活力的人类活动（不像一些标榜文化的设计仅仅只是纪念性的雕塑），也能找到生态的自然景观（也不像一些展示生态功能的空间大多数时候只是一片狼藉）。哈格里夫斯不会特意去强调场地的生态效益和文化效益。而是强调两者的关系和在空间中发生事件的过程。

这种思想不禁让人想起东方文明的哲学理念，但又通过西方的实践方式在表达。哈格里夫斯的代表作之一，拜斯比公园中就根据场地现状，大量应用隐喻的手法表达当地的自然景观和印第安文化。场地中保留的大量人工构筑物和起伏的地形等成为隐喻的喻体，隐喻了印第安人在这里堆砌的贝壳堆。人工的喻体在自然中形成鲜明的对比。虽然看似有些东方的逻辑，但这在当代东方（或者主要是在中国）是很难见到的。或许是因为象形原因会有些不吉利，但最重要的原因是东方难以出现如此赤裸裸的巨大对比（中国讲究的融合与"相反相成"，后文中会详细叙述）。很可惜，在现代东方，这种将生态和文化如此艺术地结合的设计作品并不多见。也许是基于发展原因，大多数设计还是在考虑因果，而不是过程和过程背后更深入的设计手法和哲学理念。

总体来说，过程设计大概有两种方式。一是抓住场地历史发生的过程要素，将其艺术的展现出来；一是抓住场地未来发生事件，使场地提供一个事件发生的载体，让整个过程在场地中实现。哈格里夫斯抓住的是文化与生态交融的过程，提供未来的舞台，朱育帆则抓住了场地过去的历史要素。

过程一定是偶然的，难以复制的，所以才更加诗意和动人。因此，过程才是场地之所以动人的关键。正如宋词所言，金风玉露一相逢，便胜却人间无数。

彼得·沃克

国际知名景观设计师，"极简主义"设计代表人物。与哈佛大学设计研究生院佐佐木英夫教授(Hideo Sasaki)共同创立了SWA(Sasaki Walker Associates)景观设计事务所，是当代最好的景观设计公司。代表作有哈佛大学唐纳喷泉、柏林索尼中心、日本埼玉广场、美国911纪念广场等。

旅途景观

长途出差，飞机转机。

坐下之后，一会传来一阵尖锐的吵闹声。抬头一看，原来是上来了一群老年旅游团。很显然，老人家们很兴奋，相互聊天的时候也没在意自己站在走道中央。本以为仅此而已，但突然传来一个尖锐的中年女声：

"这是我先来的！"

人群中一个阿姨坐在靠窗的位置上，一个金发碧眼的中年外国人试图在和她交谈，大概是阿姨占了那位友人的位置却不愿让出，无奈这位中年男子的中文并不太好，空姐只得站在旁边一脸尴尬的交涉。但不管旁人说出天大的理由，阿姨依旧一句话：

"这是我先来的！"

外国友人无奈，乘务员给他换了个座位，飞机上才慢慢安静下来。

起飞了，小睡一会，一阵熟悉的尖锐女声把我惊醒：

"我要看下面的风景！"

我心想，大概还是那个阿姨吧。这次似乎是挣脱了安全带，想在飞机上升途中看看左右的风景。乘务员吓坏了，赶紧过来安抚阿姨。旁边几个老头也叨叨的不知道在和阿姨说些什么。整个飞机的人就看戏一般安安静静看着这一幕。

阿姨啊，您可比风景好看太多了。

我确实是这么觉得。当然我并不热爱起哄，只是未曾见过在飞机上还有早来占座和抢座观景这么回事。"据说"在飞机上争抢座位，扰乱正常飞机秩序，将被处以罚款或行政拘留。很显然阿姨并不知道这些，真是苦了乘务员。咱们不讨论已成滥调的公民素质问题，不得不承认阿姨的直爽和大胆倒是很"可爱"。以往在飞机上，总是满满一飞机的绅士和淑女。难得能见着一回这样的景观，才发现原来人和人还是有点不同的。

因为工作原因，我常在国内飞来飞去。古人云：读万卷书，行万里路。古人把"万里路"与"万卷书"放一起，认为见识与实践和读书同样重要，甚至比读书还要重要。但我在见识中国的地大物博之后，却发现行万里路似乎没有如古人说的如此有用。追究原因，大概除了看书不够多之外，就是全国各地的相同时间似乎都在发生着类似的事，人们总是在一个共同的秩序下"美好生活"。万里路后，也无非到另一个地方看一样的人罢了。像飞机上阿姨如此不同的人是不太容易见识到的。在过去那个年代，行万里路是一件极其有趣味的"冒险"。不同的地区有不同的语言、不同的环境、不同的生活态度。甚至在几十年前，"流浪"还是年轻人向往的一种生活方式。可惜不知不觉中，现在年轻人恐怕已经无处流浪了。

如今大众行万里路的方式基本就是旅游了。这个时代，坐在电脑前打开网页搜一搜，旅游基本也就是那么几十个或者百来个固定的景点，完全可以满足国人上车不同姿势的睡觉和下车不同姿势的拍照要求。经过几年之后的"姿势转换"，很多人大言不惭地说自己全国都跑遍了。问问他这和那有什么区别，答曰：好像也没多大不一样吧。

不管是旅游还是度假，不论是国内还是国外，一般而言，自然景观比社会景观要受欢迎，美丽村落要比传统城市更吃香。能够旅游的城市，或者说能够让我们感觉自己是在旅游的城市，好像已经不多了。几乎所有的城市，都有类似的超市、宾馆、道路和广场，全国遍布起万恶的连锁店，明明是不同的人，却生活在几乎相同的环境。卡尔维诺（Italo Calvino）的《看不见的城市》中，描述了一个城市带，所有的街道和市中心都十分相似。由于城市带过于庞大，以至于其中的交通必须使用飞机。城市中唯一不同的地标就是飞机场的名字。从一个机场到另一个机场好像是到了另一个地方，因为名字已经不同了，但却好像又没有什么区别。这寓言和我们现在"千城一面"的现象何其相似。自上而下的规划将城市打造成了类似地摸样。恐怕短短的几天旅行，大多数的城市，已经无法完成"行万里路"的目的了。既然目的地已经很难让人长见识，那不妨看看旅途景观。

伊塔洛·卡尔维诺
（1923.10.15--1985.09.19）
意大利当代作家，"作家们的作家"，寓言式奇幻文学的大师。

就像在飞机上的经历一样，这是一件有趣的事，不管见到的人们素质高不高，样子美不美，我们在旅途中的确认识了一些人和事，起码是丰富了这个自上而下世界的多样性。不能说这些就代表了这个地方的生活吧，但多多少少对于旅行者是有些意义。我们会发现，原来有这么多不同的生存方式，原来世界上还存在这样的选择，也许是一些你无法理解的选择。飞机上的经历让人印象深刻，那是因为飞机上千人一面，而这种事实在太稀缺了。

我意不在讨论国人素质。老生常谈的滥调和所谓的"千人一面"也不无区别。我总是想寻找一些不同之处，于是突发奇想，让我们来做一个游戏，或是一种引导。让我们来想象一下关于这位阿姨举止的原因：

也许她只是想看窗外的景色却又不知道如何表达，或许她只是想看看是否经过自己子女奋斗的城市？又或许是她带着她已经离开老伴的愿望来看看最后一次俯瞰这个世界？也许我想象的太过美好？

我不知道各位有着何种的想象，或者完全没有，只是束缚在"滥调"的枷锁里。但我认为，相比画图能力而言，想象力才是一个设计师更应该具备的诗人素养。

游戏结束。

不管我关于她有怎样的想象，她都是与我不同的人，一个我当时无法想象的，似乎是穿越过来的人。但不论如何，认识与自己生活的不同才是旅行，不是吗？

如果各位朋友真想体验一把旅途景观，建议各位找一个旅途时间长，停靠点多的火车从头坐到尾。在这车上，会上来不同的人，会下去不同的人，可以观察观察他们的行为，也可以同他们聊聊工作，聊聊生活。我想这是最高效的旅行方式了。我始终相信，千城一面的相同城市表皮覆盖不了不同人的生活，即使会有所影响，最后差异也将破壳而出。

如果确定了基础的思维方式，接下来就是主要内容了。从内容的角度而言，当然要从头研究了。那么究竟哪里是头？传统园林自然是避不开的话题，当然这是谁都知道，我也不可避免地引用了大量前人研究成果。但我们不能单单谈园，因为 ~~~ 园无成法 ~~~ 。

于是我将延续之前构建更大集合的做法，用更大的 ~~~ 想象力 ~~~ 扯一些 ~~~ 无关园林 ~~~ 的理论。接下来要开始天南地北地侃传统园林思维了。其实前辈们大量的研究早就展示出清晰的传统园林思想，那么我在这个基础上的工作应该是利用想象力提供新的理解方式。我个人在应用这些方式看世界各个文化产生的园林成果时，获得了不少新的理解，希望也可以帮助到各位读者朋友。

【印章】

卷 四　传统园林思想

园之四场

一

　　常常听到一些学者讨论中西园林、或是中日园林之时，总有一些相互比较的情绪掺杂其中，最终居然得出高下之分。我以为大可不必以此来增加民族自尊心。不同文明的园林不在一个体系之中，咱们用自身的传统标准去衡量其他标准下的园林，自然优势立显。虽然对于传统园林，我们或许可以较为容易保持评价标准，但现代园林中文明的融合度越来越高，标准也越来越混乱，这成为了园林评价的最大问题。

　　每类园林背后总有一套类似语法一般的完整逻辑，或是针对游赏体验，或是针对观看感受，或是艺术表达，或是生态治理。那么，我想我们应该从园林现象开始，以其逻辑目标不同，总结各自的体系方向，大概对于多文明园林混乱的现象能有一个较为清晰的理解。我个人将这些不同的逻辑目标总结为四个方向，以"场"来描述其中逻辑范畴，分别为人场、景场、形场、生态场。

　　人场，顾名思义，就是以人在园中的游赏为核心目标的设计逻辑。此逻辑关心的是人在园中移步异景的体验，力求做到处处皆为人之所观、所游之美景。最为典型的人场就是我们的传统园林逻辑。中国传统园林不讲一处的极致，而是多层次的景观，看似处处平淡，细细体会应有无穷尽之感。不管是视觉、听觉、嗅觉、触觉，乃至身体的空间感受，都需要考虑在设计之中。不论园之大小，皆以不能穷尽为佳。无穷之中，又不能以相同空间以布置。传统园林讲究营造居、游空间，并认为行、望不如居、游。这种设计逻辑充分体现了以人体验为本的内核，重点强调人在其中的感受。

　　景场则以景为设计目标。一个园中，也许有大段空间的平淡，但一个序列中的高潮突出到足以忽略其他空间的时候，园就产生了景场。很显然景场是以一景或多景为核心，不遗余力地打造重点、突出特色的做法。这些做法甚至对于游客的游览、观看方式都提出要求，目的只为使游客最好地观赏这一景。最为典型的代表当属日本枯山水。枯山水本身以空为主题，营造出几乎空无一物的空间发人深省，加之周边植被、动物等偶然性的变化印于白砂之上，使得其中禅意流露，偶尔变化的影子更是掀起观者心中细微的波澜。一景如此，似乎也不需要其他层次的空间功能了。景场显然不是以居、游为逻辑设计的。它将望与游合为一体，但这也未尝不可，反而是我们应该反思现代旅游中观光与体验分离的提法了。

枯山水

日本一种没有水的园林景观。其以白沙代水，置石代山，体现出一种宁静的禅宗意向。

　　形场可以认为是全园的景场，或是一种意识场。典型代表为意大利及法国传统园林。这些园中大多以明确的轴线为引导，以极强的几何形态布置空间。许多空间在使用和游览观光上并没有承载明确的功能或者功能重复，不过似乎为了几何形态的完整，诞生出了当时自然观里的美感几何。这些园子的造型很显然是当时的自然观在形中的体现。不管是出于何种目的，形场关心的是园特定组织形式或是一种艺术形态的表达。例如近代一些现代主义景观大师的作品中多少都带有形场的气质。

　　在这个时代，生态场我想我没有资格解释太多，也不必解释太多了。以生态治理、生态恢复等为目标的空间在执行目标时引入了人的因素，成为了园，那这样的做法就可称为生态场。生态场也是当下最流行的场。

　　这四场并无高下好坏之分，根据场地性质的不同，各种场也有不同应用。现代园林中，多种场的组合是随处可见的。若是以不同场的标准来评价园，所得出的结论必然是不同的。有人认为人场逻辑诞生的园子总是那么平淡无奇，甚至有些妄加文化的嫌疑；也有人认为景场除了一景外别无其他，而对观者要求颇高，并不实用；形场自然也有人诟病，这与功能主义得出的形态是天差地别；反而是生态场似乎一片叫好，但实际优秀成果却是少之又少。

二

　　实事求是地说，这一篇是后加的。原因呢，大概是因为对于实际项目中园林设计的具体方法有些愤愤不平。说起来我大概还是一个愤青。那么这些文字本该在气愤之后就该被删掉，不过最后想想还是留下来了（可能没消气）。这一部分打算简单谈谈对于之前所提及四场的相关设计方法。一些"功利"的读者或许对这个比较感兴趣吧。

首先要明确风景园林设计是设计，它不是规划或者策划。这三者其中有些许相关，但基本逻辑存在根本的不同。后两者不在下文的讨论之中。各位风景园林设计师难免在"设计工作"中被如此要求。如果遇到，请忍气吞声。

另外必须要声明的是，我一向不提倡套路，下面所描述的方法并不是唯一设计标准，只是为了抛砖引玉的方向而已，所以一切从简描述。

人场

以人体验为基本逻辑的园子，在我看来是最考验设计专业水平的。每个场地不同，体验也无法相同。设计师要从行、望、停、游等人的游憩行为角度去分析哪些是最优场域，同时还要将这些碎片化的场域以体验变化的形式组织起来。例如行—望—行—停—望—行—游—望—行。这里面掺杂了许多如风向、光照、小气候、文化、使用者习惯等场地要素，我无法一一列举。当然，我所列的这个序列是随机的，这些必须功能也是我一拍脑袋列出来的。不同的场域允许的行为模式是不同的。这个部分的确定应该在设计师考察完场地后的最初阶段。组织好这样的线路很困难，每个位置的视线关系、空间导向、公私关系、场地焦点等都需要具体进行考虑。一般而言，这样点与线的串联是根据场地本身的条件得出的。

场地不可能在一开始就完全符合设计师的期待，如此就不需要设计师了。所以，接下来设计师要做的事就是根据上段这些需求，来完善各个区域。比如植物、硬质、构筑、水景等等。这些内容可又是博大精深，尤其是他们与场地条件结合起来的时候。例如多雨的场地构筑要注意避雨、硬质要注意防滑、植物选择减少落叶等以方便游人与管理需求。当然，每个场地有自己的需求，这样的提法也不是绝对的。不过对于"人场"而言，一切都遵循以人体验为最高要求。设计师必须要具备这些基础知识与技能，以防设计理念与境界淹没在这些复杂的落地材料中。

人场是设计的基本，不管其他的"场"所强调的是什么，人都是其核心要素之一，如果忽略人，那就很难称之为园。

景场

这种形式一般出现在委托方有特殊要求或场地有个别突出景观资源的设计中。景在园中常常作为焦点出现。我们所熟悉的自然界特殊资源形态常常是模仿对象，例如涌泉、瀑布、古树、高山等。又或者是文化性的特殊景观，譬如东方的建筑、枯山水以及西方的雕塑等。

以单个景为核心的设计逻辑很简单，布置重点的"景"即可。要么以极为精细的方式去增强形象，要么以与周边环境对比的形式突出形象，总之设计师必须想着各种法子使得所要表现的重点突显出来。与此同时，要确定游人所观景或者游景的方式，并对此精心设计。其他部分就可以相对简单处理。

景场多数时候并不是独立存在，而是融合在其他更大尺度的设计逻辑里。

形场

这种逻辑大量出现在西方造园历史上，后文《天地溯源》中会有具体的探因，这里可以简单做一下铺垫和介绍。几何对于西方文化而言意味着自然的真理。人工化的几何形态常常被用于文明与野蛮之间的"人工自然"中。西方文化认为这才是能够让人进入的自然。这样的逻辑结果常常是对于场地大力度的梳理与改造。古典园林中，意大利与法国的园林是很典型的代表；二十世纪中期，受到艺术与建筑的影响，西方也出现过一些以自由曲线为主的园林设计，并因为形态引起了很大的反响；直至二三十年前，现代主义兴起之时，园林行业中的现代主义大师也常常在形态上进行详细的讨论。

过去在功能主义的影响下，我无法理解现代主义大师对于形态艺术的追求。例如彼得·沃克的作品中常常出现我无法解释的路径，业内长辈也常常忽悠说这是艺术，却也没人告诉我这艺术是啥。在我们做设计的时候，又被要求不能如此"艺术"。我常常被弄得一头雾水，那当时要我学习大师作品干啥？

这是功能与形态的矛盾，现代主义也是从古典主义中汲取了养分。反观法国古典园林里，一样有似乎是功能多余的道路与形式。我理解为一种当时人们对于美的追求以及自然观意识形态的表达（道路是作为线状元素，除了满足通行的功能外，还可以具有构图等艺术功能）。这的确是艺术。现代主义对于古典的转译，形成最终的成果，这也是艺术。或许如果我是个法国人，我便不会有这是什么艺术的疑问。

形场的工作方式类似于景场，首先要确定出想要表达或突出的重点内容。但其不是类似景场以一个焦点为核心。形场在尺度上要略大，要求对于整个场地进行规则式的掌控，在满足最基础的功能同时体现出一定的内涵与意义（例如意识形态或者空间形态）。如果没有内在，不管你的形态多美，只是在地上涂鸦罢了。形场也是最容易让园林设计师变成画图匠的一个逻辑，各位应该要有所警惕。

总结来说形场常常是一种意识形态的表达，或者是根据传统的意识形态下的规则而沿用的设计方法。现代设计中，"形场"是最难判断的。古典的形非常明确，现代的形却不是一种相同审美下的产物。曲线与直线、圆形与方形，元素之间不可能有输赢。如果有人对你说，你画的这个平面功能都满足了，但是图形不美。不好意思，这并不是形场逻辑，多半只是个人观点。

生态场

生态场在当代常常被认为是科学的设计。这从另一个方面来看，之前那些所谓的场在"生态"这里似乎都不科学了。虽然这点很可疑的，不过生态确实有需要科学的地方。

小场地的生态场常常只是噱头而已。究竟多大的绿地具有何种程度的生态效果还需要更详细的研究来证实。小场地的雨水花园常常只是精心设计的排水坡道罢了。之所以这么说是因为即使换一个逻辑去设计，多数时候也能达到在小型场地里的生态目的。但尺度一旦放大，情况就不一样了。

大尺度的景观更强调生态系统的完整性。因为场地广袤之后，常常跨越了几个"生态区"，或者风貌区。这些区块在景观生态学中用廊道、斑块等词汇来形容。他们常常存在一个或几个相对完整的生态系统，由地质地貌、土壤植被、气候变化所先决，有些也掺杂人工改造的成分。每个"生态区"有自己与众不同的自然状况。例如高程变化较大的山体中，植被垂直分布呈现明显海拔特征。这样的场地要求设计师对于地质、土壤、植被、气候等要素都要较为深入的了解。

设计工作一般分为几步：①对场地研究，确定各个"生态空间"。例如河道由水至岸，常常分为水体、河漫滩、冲积平原、一级阶地等（具体情况可能有所不同）。山地植被经常出现阔叶林、针阔混交、针叶林等。不同的区块有不同的风貌与生态特征；②对于各个"生态区块"的修复，增强或者改造。这里内容庞杂，不做详细说明，具体情况需要相应的专业知识指导解决。例如河道的改造需考虑水流速度，才能在自然允许的范围内把握河岸的曲度（这是直接的科学指导设计形态的例子）；③增加各个"生态区块"的生态联系，促进生物之间的交流。例如动物廊道等；④确定生态敏感区域，如此可反推导出游人可游区域，这项工作包括确定不可进入区域（保育、封育等）及可游览区域。

生态场逻辑下，游人主要游赏自然景观，所以往往人工造景特征都是极弱的。交通与节点的设置也只是满足引导游人进入优美的自然区域而已。重复功能的交通几乎不会出现。目的就是尽力减少人工痕迹对于自然的影响。虽说这样简单的人工造景已经满足生态的要求，但在小范围的场地里，如果允许融入别的"场"，也会为场地增添不少趣味。

对于四场的设计逻辑与方法就简单介绍到这里。若是每个展开来说，估计又能写出来一本书，这也不是我的原意。这一篇并不是这些文章的主要内容，我也不希望看到的朋友将这篇列为重点了。每个场有自己独立的思路，这方面的书籍很多，在这里只是以我的方式将他们从设计工作中分门别类出来。所以应该说是为了帮助理解而做的分类法吧。

八雅之九

　　在中国的传统中，文人雅士对生活存在一定的追求，体现在兴趣上，则形成一些具体表达人生观、世界观、价值观的"技艺"。中国人称之为"人生八雅"。其具体内容就是广为人知的"琴、棋、书、画、诗、酒、花、茶"。这八雅所含内容博大精深，可以认为是中国传统文化的精髓所在。这八雅无法以简单的语句全部描绘。所以在这里我略举一二，只求窥见一下所谓"雅事"的本质。

　　琴指古琴，虽然我从小就误会是古筝，但古琴似乎是更加体现中国精神内涵的一样乐器。曾经有一位瑞典女孩来到中国学习古琴，由于她无法长期待在中国，而学习古琴的进度又很慢，于是她琢磨着要几个音节或者其他的练习，以便她回国之后进行训练。而她老师的反应令其吃惊：

　　"怎么可以如此对待一个乐器？"

　　女孩不解，用古琴练音节有问题吗？从乐理上说，可能没什么不对，也许只是音准的问题。但从文化上，就大错特错了。好的弹奏者认为每件乐器的品性都是独一无二的，古琴的每个音，都有着连接人与自然的神秘力量。说起来有点玄乎，但古人认为只要在合适的时候把音弹出就够了。完美的弹一个音节，并不是弹琴本身的目的。曲子或者音的动人，体现在弹奏者透过音乐表达对人生的领悟。八雅中的琴，并不是指一种单纯的乐器，而是利用乐器表达感悟的过程和听者感受弹奏者感情的过程。

　　棋是围棋。围棋是中国人的发明，代表了中国人对世界的理解。阴阳的相互作用是推动整个世界发展的基础，阴阳两个基本元素的变化孕育了整个世界。我们可以理解为马克思所说矛盾的对立和统一性，但事实上阴阳的内涵恐怕更广。一阴一阳，一黑一白，相互抵触又相互融合，相互矛盾又相互存在。一盘精彩的棋局，就是一个世界的变化。而之所以可称其"雅"，就是由于其所包含对弈者对世界和人生的理解，对弈者常常能感受到对方的态度与胸怀。借由事物，表达自己对于世界的感受与认识，这就是一件雅事了吧。

书即书法。书法是中国独一无二的艺术形式。中国自古就把书法认为是艺术形式中最高的，甚至要高于绘画。在中国古代，画家即使不是大书法家，也必然写得一手好字，否则是无法作画的。特别是在文人画运动时期，可以认为这时画是书法的一个衍生。书法的艺术性得到了全世界的认可，即使其他文化并不认识中国书法家所书的内容，但在面对中国书法之时，也能涌起和国人相同的感受。

东晋书法家王羲之被称为"书圣"，就连日本也视其书法为珍宝，其《兰亭集序》被誉为"天下第一行书"。然而奇怪的是，第一行书《兰亭集序》只是一个稿子而已。这并不是一个正式的文书，在其诞生之时，也并不是作为一件艺术品来制作的。文中描写的是众人在兰亭聚会的场景。第一行书除了王羲之本身字写得极好之外，在其中表述出对生死豁然的态度才是使之永垂不朽的核心。唐太宗甚至为了收藏或者说是占有这件文稿，用其殉葬，现在所见不过是其拓本而已。

认识《兰亭集序》的人不在少数，但"第二行书"却名声小得多，大概是因为语文课本里没有吧？这第二行书相比兰亭序，则更加"潦草"，因其也是一件文稿。名曰《祭侄文稿》，为颜真卿所书。其内容主要是祭奠他在战争中为国而死的侄儿，字里行间表达出极大的悲痛和哀思，同时对整个世道的不公义而不平。观者可以在其中明显感到颜真卿的情绪变化，用笔常至枯，写到悲愤处，苍劲有力，气势磅礴。不知其内容，也感其情绪。有些地方用笔极其潦草，情绪所到，恐怕都很难再下笔工整了。

令人惊讶的是，"第一行书"和"第二行书"并不是什么正式的书法作品，而只是稿子而已。王羲之和颜真卿是书法大家，后人所传颂的不仅是其书法，还有其在当时乱世所表现出的品性。很大程度上，其品成就其书。可见中国传统看待书法，不仅看其字，也看其表达出的内在品质。

画自是不用多提，在全世界范围内，中国传统的绘画艺术都具有极高的艺术成就。特别是宋代以来的写意山水画，意境极高。除了少数天才之外，一幅好的作品都需要作者常年的生活积淀和文化积淀，不是一朝一夕可成。有些画者将技巧练习得十分卓越，最后可能也只是太过炫耀技巧而掩盖了内涵，无法使画作成为上品。

中国十大传世名画之一的《五牛图》，画作本身并没有什么极其高超的技巧可言，画者也并非什么大画家。五头憨态可掬的牛并列于画中，让人见了都想去摸一摸。作者将五头牛的性格表现得淋漓尽致，完全能感受到作者对农耕牛的细致观察，体现出作者对农耕和对动物的一种尊重和喜爱。更深一层还表达出作者对生活的一种向往，其中一头牛，鼻上扣着鼻环，看起来似乎就没有那么开心可爱了。看来作者对世俗的枷锁也深有感触，最终以这种动人的形式表达出来。事实上任何一幅名作都可以用在此处举例，画也是用来达意的。

至于"诗、酒、花、茶"，人们更是熟知。诗自古就是言语达意之事。子曰"不学诗无以言"。酒文化至今都源远流长，李白斗酒诗百篇，酒与情本身有着天然的联系。"花"却自古就是好事，不管在任何宗教中，对于这种盛开的生命总是充满赞美和向往。而花道、园艺等，不仅是一种艺术，也成为符合"道"的技艺。"道"在中国文化中的地位颇高，这里的"道"是以一种方式为媒介，表达情感，陶冶情操的特殊技艺。在中国文化中称花事为雅事一点也不为过。同花一般，茶也有茶道，在日本，茶道甚至融入了民族文化之中，而其源头与中国的"茶"文化是脱不了关系的。

简单窥见了一下国人所谓的雅事，可以发现其实质只是一种媒介。这媒介是连接内在心灵和外部世界的桥梁。以更加易懂的方式解释，雅事不过是个载体，承载了行事者对世界的种种观念、态度等。所以并不是雅事本身有什么非雅士不可行之处，而是行事者内在的"雅"透过这些媒介表达出来。而不雅之人行雅事也并没有什么风雅可言。酒是传统"雅事"，但如今的餐桌酒文化，也难以达到雅的目的，多数不过附庸风雅之辈在找找情感寄托，或是利用酒的麻醉作用试试自己在对面喝酒之人心中的地位如何罢了。尽管如此，酒也承担起这些人表达情感和观念的媒介。另一方面，这些雅事也能够陶冶性情，雅者长期行之，慢慢体悟其中包含的万物之理，也能够加强和美化内在品性。

既然雅事从广义上谈，是表达中国文化的一个媒介，那么我斗胆认为，园也应该是一件雅事。分析来看，中国传统的园可以说是多种艺术的集合，其中包括诗词、书法、绘画、建筑、园艺等，在涵盖内容上，园可以称为大雅之事。

按照之前所述，媒介必定表达了行事者所思所感，而这点在明清的园林中最为典型。如今，应该有一个共识，苏州的私家园林和北京的皇家园林毫无疑问是外邦友人最快了解和体验中国传统文化的所在。例如苏州的拙政园、网师园等，"拙政"和"网师"皆为当时园主的追求与向往。"拙政"取晋代文学家潘岳《闲居赋》中"筑室种树，逍遥自得……灌园鬻蔬，以供朝夕之膳……此亦拙者之为政也"之意，"拙政"也是当时的园主王献臣"终老林泉"的愿望体现。"网师"实为渔父、钓叟，柳宗元有"独钓寒江雪"之句，颇有众人皆醉我独醒的意境。可看出园主非一般渔父钓叟，而是希望隐于林泉的高士。这些园主所思反应到园中，尽管更迭多代，又分别体现历代各个造园者之意，确是几乎处处不离原本的主旨。

传统园林由文人所造，古代文人皆全才，入则政治、经济、军事，出则琴、棋、书、画、诗、酒、花、茶。而琴有琴谱，画有画论，书有字帖，茶有茶经。故园林相关著作中并不需要做专篇以论。这也是园之难传之处。游传统园林，其中有诗有画，有花有茶，有琴有酒，有书有棋，同时更蕴含着传统的自然观及价值观，若是单单考虑空间艺术，那传统园林真是被埋没了。

传统园林是园主表达思想的媒介，其中的思想不仅有对世界、社会的认识，也有对自己人生的感悟和向往。既然传统园林能承担起这样的作用，可见传统园之为雅，应该是争论不大的事。造园重于传达思想情感，而观园显然倾向陶冶情操。园之集各雅事于一身，八雅之九必为园。

古代文人

园之为园，却也不尽相同。园过去大概能用花园（garden）来表述，但现在更多建设起来的是公园（park）。二者除了在使用者的范围上有所差别外，在营造手法和主要目的上也无法完全相同。但公园的营造手法等表达方式，无疑主要来自过去的花园。至于设计方式和内涵是否应该和过去相同，或者是继承，或者是完全不同，事实上并没有定论。也许根据每个场地性质和项目性质的不同都会有所差异。但我们首先有一个根本的东西需要深入探讨一番，毋庸置疑，这就是过去的花园，即我们说的古典园林。

古典园林实在是博大精深，一个一个园子的去讨论，这几篇文章根本写不完。更何况早已经有许多园林大家在研究讨论这些园子了，比我这个夸夸其谈、往而不返的家伙不知道要专业多少。那么我要说什么？接之前的理论，说说大家可能并不太关心的语汇，不过这次是中国传统语汇。

自古匠人造屋，文人造园，一般老百姓和小文人是造不起园的。单单从造园者和园主的角度看，他们是一个比较固定的群体。固定的群体，就有群体认同的主流思考逻辑。比如企业家眼里都是市场，任何时候都想着要发展要开拓；画家眼里必然都是画，到任何一个地方都想着构图色彩；而文人眼中的东西，必然就是他们习惯的思考领域，要讨论传统园林，必须要了解古代文人。

最早有姓名记载的"文人"恐怕应该算是东汉末年的曹植了。谢灵运称："天下之才共一石，而曹子建独占八斗。"为何曹子建能够"才高八斗"？其中一个极其重要的原因是他属于士族阶层，也就是当时的社会上层阶级。从三代起（夏、商、周），知识就是上流社会的专属。古代社会真正识字的人事实上并没有多少，绝大多数的民众只要好好务农就可以了却一生。有父辈们的经验后，知识对于务农并没有多大帮助。所以说曹子建才高八斗，确实也不夸张。而对于掌握园事的文人，就更少了。但上层社会对知识的专属并没有一直延续下去。

"旧时王谢堂前燕，飞入寻常百姓家。"用这两句诗来形容科举制度再合适不过了。在没有科举制度之前，"寻常百姓"和"王谢大家"是两个完全不同的阶层。王家和谢家是当时两个世人皆知的士族阶层，代表了上流社会阶层。寻常百姓如果想要进入这种大型的士族阶层是十分困难的事，除了"闹革命"外几乎别无他法，但王朝更替也是可遇不可求的事。况且一般情况下，老百姓也不愿战争。虽然现在看科举是个封建落后的制度，但事实上，科举对当时中华大地上的文化发展起到了不可磨灭的作用。这个制度使得上流社会阶层能够从别的阶层补充力量，也使得下层社会的人有了一个可以进入上流社会的机会。这是一个下层人民翻身的机会。若翻身成功，将是世世代代的事。那么十年寒窗根本算不得苦。科举考试的内容就是文，古人相信一个人文章的好坏与这个人的秉性有着直接的关系。与中国不同，邻国日本长期以来并没有类似于科举这样低阶级进入高阶级的制度，年轻人读书是个没什么出路的事。所以在日本，很少出现过类似于中国如此繁荣和极具传承性的文化局面。日本的例子不仅说明了科举制度的重要性，也为中国的文人思维限定了一个主流方向。

文人并不单单是做文章的人。除了选拔儒士的科举外，当然还有一些其他行业人才可以挤进上流阶层。历史上，有一些由政府设立专门的美术创作机构，可以上溯到殷商时期。以后历朝都有关于在统一的管理下服务于政府并专门从事绘画、工艺品制作及艺人和机构的活动记载。到了唐代初期，朝廷设翰林院，作为内廷供奉艺能杂居的场所。可以认为当时的翰林院是下层人才在上层阶级的聚集地，举凡"文辞经学之士，下至医卜技术之流，皆之于此，以备宴见"。随后，翰林院有了一些性质上的改变，把名儒学士分出来另外成立了翰林学士院。这样，翰林院就变成了专门从事纯技艺性人才聚集的机构。五代十国时，许多艺术家任职于不同的政权，以艺入仕为官供奉朝廷。各个政权也都设有相应的机构，并出现了专以"画院"之称谓来说明此类机构职能的，其中南唐和后蜀较为典型。北宋时局稳定以后，政府设立了更大规模的艺术机构，正是这样的制度，培养了无数的人才，也使得宋朝的绘画艺术造诣直至中国绘画历史的第一个顶峰。几乎同一个时期，文人画运动的盛行，渐渐使得许多匠人脱离原来的身份，进入文人的群体。文人的内涵更加丰富起来，文、书、画等也得到上流社会的广泛认可，下层阶级也有更多的渠道可以进入上层社会。

众所周知，北宋的宋徽宗是一个杰出的艺术家，他对画院选拔制度作出一系列改革，使得各种文化名流更有机会挤入上层。下面说的这个变化可能很多园林专业和艺术专业的学生会非常熟悉。以往传统的画院考试，考官抓来一只动物，让考生临摹写生，这种考试主要考查考生的技巧，类似于我们现在的美术高考。针对这类考试，聪明的中国人当然很快就办起培训班。培训班的内容自然就是练习画鸡画鸟。然而宋徽宗对这类考试并不满意，他认为如此考法，考出来的只能是匠人。于是，他亲自出题，将临摹写生改成了命题绘画。于是就有了"看花归去马蹄香"这样以诗考画的题目。只会画鸟的考生懵了头，完全没有学过，不知如何下笔。文化稍差的考生根本不了解现在不是要画花了，而是要画"香"。即使抓到了重点，许多考生想破脑袋也不知道"香"该如何下笔。之后又陆陆续续出了多年类似的考题，如"深山何处钟"等等。该制度也选拔出了一系列杰出的人才，例如天才画师，《千里江山图》的作者王希孟。有趣的是，如同现在的考研手绘班等机构一般，政策一旦改革，下面相应的策略也变了。之前只教临摹写生，现在必须得请先生来教诗教文了。如此，自然使得更多的匠人变成了文人。宋徽宗的改革，不仅是对现代考试选拔制度的一个启示，同时从民间的反应也直接体现出下层阶级削尖了脑袋挤进上流社会的愿望，这便是中国文人的主流思想。

很显然，不论是诗文还是绘画，中国古代文人与上流社会有着千丝万缕的联系。那么以上流社会为主线，我们大概可以大致将文人分成几类：

1. 已进入上流社会的，如宋代王安石、元代赵孟頫，还有我们熟悉的各朝皇帝等等。

2. 虽在上流社会中，却命途多舛，郁郁不得志的，如南唐李煜、战国屈原、北宋赵佶等等。这类大家最为熟悉，但这个群体不同时期的作品也可能有不同的反应，这里暂且统一视为一类。

3. 进入上流社会后，自己不想干或者不适合当官，又或是告老还乡的。这类和郁郁不得志的有很大不同，他们反应出的形象是潇洒自然而不是抑郁寡欢，如东晋陶渊明、宋代柳永等等。

文徵明
明代杰出画家、书法家、文学家。
与祝允明、唐寅、徐祯卿并称"吴
中四才子"。

4. 浑身是才却无法进入上流阶层的，或者进入上流阶层十分不顺的，如明代文徵明、唐寅等等。

5. 隐士，才学出众却不愿出山，这类较为特殊，不属于和上流阶层"同流合污"。这类自古就有，其中有些可能勉强定义为文人，如战国庄周、魏晋竹林七贤等等。

这个简单分类只能大致涵盖古代文人的类型，单纯为了方便之后的讨论。

个别情况也可能有所不同，我们在这里不做单独讨论。现在我们回头来看看哪些类型对园林产生了影响。

事实上几乎所有类型都对园林产生过影响，但细细来分，影响最为重大的，大概是第一种和第三种，即已经进入上流社会的和进入上流社会后以正常方式退隐下来的。这两类一般持有强大的经济资源，最有可能成为造园者。其次是第四种，有才却无法进入上流阶层的，这类文人才学通常得到同道或是部分上流社会认可，有一部分会对园林进行设计，例如文徵明曾经设计拙政园。这三种都与造园产生直接关系。隐士虽然一般不直接造园，但他们的思想却是造园灵感的直接来源。例如之前所提网师园的"网师"之意，其实出自隐士的思想。而自古园林求仙之风，也多少源自老庄思想。某种角度说来，对于造园思想影响最大的应该是隐士。如此看来，与园林最为无关的应该是第二种，即命运多舛的文人，可也不见得。传统园林中要渺宜修的意境，却也暗合他们所写所述所绘之意。

传统园林作为一件雅事，是一个文化的载体，那么作为文化代表的古代文人必然与之紧密相关。上流社会这条主线造成不同境遇文人的区别，所以一般以思想追求观之，大致分为两类，一类崇尚繁华，追求缥缈，一类隐于市朝，林泉终老。其一为皇家园林等，其二为私家园林和寺庙园林等。这两类园子因园主境遇造成风格差别。虽然园林风格略有不同，但逻辑上并无大出入。这是由于古代文人是一个拥有基本统一的、与上流社会相关的价值观和世界观的集团（不管是倾向于入世还是出世，都是与上流社会形成进与出，合与离的关系）。即使是奢华的皇家园林一般也来自私家园林，例如北京谐趣园仿自无锡寄畅园。如此总结，一直位于文化核心的古代文人长期统治着园林之事，虽然文人之间略有不同，但位于整个正统文化中的园林设计语汇是基本统一的。

谐趣园

位于颐和园东北角，在颐和园中自成一局，有"园中之园"之称。

传统语汇

一

《园冶》

中国第一本园林艺术理论专著，也是最为经典的传统园林书籍，是传统园林设计的必读之书。

计成的《园冶》实为大作，其中表述了传统园林的各种"结园"之法，为后人造园提供了很强的基础知识与设计逻辑。但传统的园林不止明清名园，唐宋乃至更早的园林又是以什么样的逻辑存在的？若要直接从中总结出传统的语汇，却也困难。仅仅从明清之园看传统园林语汇，恐怕是忽略了中国文化的厚度（后文将阐述）。既然"百艺传于书，独园不可传"，那就从间接的方式，以文人的逻辑窥见大文化语汇的一些端倪。

古代文人一直都有着文以载道的思想。一个人的文被认为是他修养的体现。所以古代只要一个人会做好文章，政府就默认他能够成为一个好官。以至于古代的科举制度，一般只是在考写文而已。以我们现在的观点看，一个作家不见得能成为一个好的官员。但在中国古代，一个人的文和他的品行是联系在一起的。一个非常典型的例子，即唐代的古文运动。韩愈和柳宗元等人推崇的古文运动是将当时的主流引导向三代两汉的淳朴、自由思想的重要工具。这里能体现出一点，在古代，文能直接代表思想。很显然，写文是典型的技巧语汇，道或者思想是我们认为的认识语汇。这就导致了一个问题，关于中国传统文人作文、绘画、造园等行为，其中的技巧语汇和认识语汇是难以分开而谈的。所以不管是看文人还是看文人所做的东西，皆要以全貌观之。

文人最具影响力的不是当官，而是一些副业，即文章和书画。我们可以通过进入上流社会的追求来详细了解文人群体，同时也应该通过文章和书画的创作方式了解他们的思想逻辑。文章、书画等皆为文化媒介，其中不仅表达文人的思想，也暗含行事者的思考逻辑。逻辑蕴含在文人生活的方方面面，造就了他们的语汇。

新文化运动后，白话文登上大众舞台，就是我们现在所用的语汇了。但我们应了解，在这之前，正统文体是文言文。文言文中的许多文法对使用者要求颇高，文人群体在这方面极为出色，很难想象文言文的文法要求没有在他们的脑子中形成习惯性思维。那么如此，他们的思维语汇定然与"五四"后的现代人不同。

古文与现代文相比，讲究极多。且骈文、律诗、绝句、词、曲各不同，虽变化繁琐，但几千年来却一脉相承。与我们所讲语汇联系最深的恐怕应为"对"。古人讲究行文成对，对的工整严谨，便视为佳句。这是古代文人的行文技巧，也是最重要的行文逻辑。即使文言文已经被取代，但延续到现在生活中，仍然有讲究对的习惯。在国人的第一大节春节时，家家户户都会在门上贴对联。对联的语法基础就是对。很多时候我们不懂其中的规律，上下联贴反也惹来笑话。要分清上下联，我们可以从内容上分析，例如上联言国，下联说家。还有一种简单的方法区分上下联，即尾音的处理——上联为仄，下联为平。仄起平收是对联的一般规律，古人对此中技巧极为讲究。

就连现代的对联都对用字如此讲究，何况古文？

翩若惊鸿，婉若游龙，荣曜秋菊，华茂春松。髣髴兮若轻云之蔽月，飘飖兮若流风之回雪。远而望之，皎若太阳升朝霞。迫而察之，灼若芙蕖出渌波。

这段是曹植在著名的《洛神赋》中以大量美好的自然景观描绘洛神的语句。可以从中感悟到很强的关于"对"的行文逻辑。

曹植之后的文人在此中技巧上，有过之而无不及。骈文的登峰造极之作，当属唐代王勃的《滕王阁序》。全篇骈文所对之工整，前无古人，后无来者。其中"落霞与孤鹜齐飞，秋水共长天一色"，可谓千古绝唱。"落霞"对"孤鹜"，"秋水"对"长天"，句中成对。"落霞与孤鹜"对"秋水共长天"，句句成对。这两句不仅上下句成对，而且在一句中又自成对。这是王勃骈文的重要特点，王勃是个天才的文人，《滕王阁序》也成为不朽的名作。

既然古文如此讲究"对"的重要性，那么文人在造园时，必定是有所体现的。最广为人知的手法应是对景的应用。亭对榭，楼对阁，在古典园林的世界里也是屡见不鲜。

说了许多，似乎是找到了一些文与园的关系或者说是古代造园语汇。但很遗

董豫赣

现为北京大学建筑研究中心副教授，国内著名建筑设计师、评论家，对古典园林有深刻研究。代表作有红砖美术馆、清水会馆、红堡。

憾，这可不是中国传统园林语汇中"对"的精髓，因为这只是"粗浅"之对。董豫赣老师在其文《化境八章》中，较为详细地指出了文言文语言特点与园林的关系。我从中深受启发，在这里基本无创新的将其文章大意纳入语汇系统中。

古人的世界观是以"阴阳"为基础，这矛盾的两者必然体现在方方面面。王勃的"落霞"对"孤鹜"，一个自上而下，一个自下而上，性质相反，可理解为一阴一阳，为阴阳对。"秋水"与"长天"是为同理。"落霞"应在"长天"中，"孤鹜"飞于"秋水"上，句与句成点在面中的点面关系对仗。若"长天落霞"对"秋水孤鹜"，虽位置动作关系为阴阳对，但各句中逻辑从属关系为同性对，如阴对阴，阳对阳，则意稍差。

即使将"长天落霞"对上"秋水孤鹜"，王勃的千古绝唱"劣"的也不明显。所以以《滕王阁序》为例，恐怕不太好理解。《文心雕龙》中对正反阴阳之对，倒是有较为详细的优劣标准："反对为优，正对为劣。"

《文心雕龙》

作者为南北朝刘勰，书中细致探讨了语言文学的审美本质与美学规律。

> **"风定花犹落，鸟鸣山更幽。"（王安石）**
> **"蝉噪林愈静，鸟鸣山更幽。"（王籍）**

王安石之句，上句"风定"为静"花落"为动，下句"鸟鸣"为动，"山幽"为静，"静中有动"对"动中有静"，是为反对，即阴阳对。王籍之句，"蝉噪"对"林静"，"鸟鸣"对"山幽"，"动中有静"对"动中有静"，是为正对，即同性对。如此比较，优劣立出。

回到园林中，正反对的体现也很明显。之前所谓亭对榭，楼对阁等，不过人工对人工，意稍差。若改景为"三面云山一面城，几面亭榭对池山"。则"云山"对"城"，"亭榭"对"池山"，自然对人工，人工对自然，其意佳。

现代公园和传统园林相比，就不讲究的多了。许多对景采用的是对望。人头看人头，毫无看头。若是将一侧人工的视线通路前增加自然景观，使人工之景稍稍遮盖，也不乏自然对人工的趣味性。

阴阳对的逻辑较为深奥，现代人在接受大同审美的时候，已经逐渐遗忘对于传统语汇的理解。现代园林学者常常提出一种现象，中国传统的造园方式讲究中庸，而西方手法则表现极致。因为中庸不显，所以难以夺目的姿态受到关注。这确实是令人遗憾的现象，其实本质原因是因为国人对于传统文化研究得不深入。具体到点上，以对为例，西方讲究对比，即将两个完全不同的东西置于一处，在性质和形态上产生强烈反差。中国传统恐怕将认为如此做法不伦不类，按照对的思想，首先大前提是这二者应该同质，才可成对，就算形态各异，性质不同，最起码其逻辑也要相同。如"落霞"在"长天"中，"孤鹜"于"秋水"上。而在"对"中才有不同的"比"。

就单单以对为例，其中的语汇就如此深奥。还是那句话，不同逻辑造就不同空间。不以简单的园林手法为原则，而是以传统世界观作为语汇中专业认识（阴阳），从而直接影响到语汇中的专业技巧（反对），这样的逻辑能够使得作品更具中国传统文化意味。

二

中国文化博大精深，岂是阴阳对仗可以概全？事实上，古文的传统语汇内涵丰富，许多独特的文法同样是园林设计中可以参考和借鉴的手法。

起兴是一种诗歌表现手法，诗经六义之一。朱熹认为"兴者，先言他物以引起所咏之词也"。一般用于文章的开头，主要作用是"借物言情，以此引彼"。简单说就是在文章开头引出文章内容和铺垫文章整体气氛、情绪和韵律的手法。

关关雎鸠，在河之洲。
窈窕淑女，君子好逑。

很显然，关关雎鸠和这位君子求偶没有什么直接关系，但古人常常用这种起兴的手法，将情绪气氛和场景感塑造出来。这里塑造出一个自然、天真、美好的场景，使窈窕淑女和君子缠绵的爱情在这个场景中显得格外无邪。

场景塑造正是园林设计里重要的内容。既然是塑造场景，难道西方就没有吗？为什么说这是从中国传统中而来的文化呢？这个质疑很有说服性。的确，很多文明的设计中都有类似这种预示性的处理手法，只是中国人用得极妙。那么既然如此，我们就要找到中国人用的妙处。例如《孔雀东南飞》的开头：

孔雀东南飞，五里一徘徊。

这是国人义务教育必学的课文，对少年的我来说，这是很奇怪的起兴。除了开头之外，后面再也没有孔雀的事了。我学到这篇课文时，完全不明白为什么开头要讲孔雀徘徊，明明整篇文章说的是焦仲卿与刘兰芝悲剧的爱情故事。后来老师饶有趣味地说，"既然与孔雀无关，那孔雀怎么样都行了，为什么开头不写'孔雀东南飞，只只都高兴'？"说来我也真是愚笨，在笑了几

《孔雀东南飞》
中国文学历史上第一步长篇叙事诗，是乐府诗发展史的高峰之作。

年之后，才慢慢发现转变句子意境带来的不同，从而体会到其中的情感铺垫和重要隐喻。

这里的妙处在于将诗经六义中的比与兴结合起来，诗经中常常将比与兴连用，称为比兴。比即比喻、比拟等等。比的形式很多，尤其在中国这种文化底蕴浓厚的文明中，比的喻体更是数不胜数。过去一般用以形容夫妻都以鸟为比喻，所谓"夫妻本是同林鸟"。不直接的比喻，构成了隐喻的手法。孔雀在过去代表了美好的事物，隐喻着刘兰芝和她的爱情。"五里一徘徊"写的是孔雀失偶后的不舍。文以孔雀相同的情感基础，暗喻出了这场婚姻的悲剧，直接为文章的情绪铺垫，同时也暗示了故事的结局。第一句就如此讲究，恐怕也只有中华文明了。

在古典园林中，隐喻的手法用的极多，例如"云石"就是以"石"比"云"。但起兴这种预示手法在园林空间中却不这么受到重视。古典园林中常常以建筑多层次空间的方式进行引导和过渡，大概是与古典园林的私有性有关。不过，"比"与"兴"两者结合的比兴应用在古典园林中还是可以很容易找到影子的，例如古典园林中常用的漏景和透景的手法。将第二个空间中的景致漏到第一个空间中，从而在第一个空间中就预示着第二个空间不同的空间质感，而漏出的景物往往具有一定隐喻含义，如"梅兰竹菊"等。这些景物在古代一般代表了园主高尚的品质和情操。

扬州的个园中（中国四大名园），不同季节之景通过漏景透景等手法相互渗透，而使园中各个主题季节呼应而联系起来（春景与冬景）。入口处的竹与竹笋有早春之意，一墙之隔的内部变为深春之景。墙又以月亮门开洞透景，在分割早春与晚春的基础上，又使春景的序列连续起来。这里竹和笋隐喻了早春，内部的繁花隐喻的深春，通过一扇门，连接并透出了内部空间的气质。

在个园冬山北面的墙上，以洞引巷风为造冬天凛冽之感。同时，圆洞透出墙后隐喻春的竹景。在"冬"的空间中，以洞透竹为"起兴"。暗示了下一个空间的气质——冬去春来。

中国四大名园

也有其他说法，四大名园为颐和园、拙政园、避暑山庄、留园。不论如何，个园的景致可谓是四大名园级别的。

三

文人除作文外，属画为一绝。画这种艺术形式以直观的方式表现自然和社会，园是这两者的集中体现，画对于园的作用可谓不言而喻。于是画的语汇与园的语汇产生了许多共通之处。

拙政园小飞虹

国画题材分为多种，人物、花鸟、山水等等。传统园林基本是对自然的模仿，所以可以推测对园林影响最大的应为山水画，准确地说应该是山水画语汇，事实也正是好如此。古人造园，很少会将画中一山一水一草一木完全照搬进园中，但画中意境却是造园者所追求向往之景。所以其中的作画语汇定是传统造园语汇中极为重要的一环。

古人视山水交融之景为最。于是，以第一自然为模板的中国传统园林，自然以山水具足为佳。所谓叠山理水，成为必理之园事。山水画中，不乏名家。北宋郭熙不仅是山水大家，同样也是画论大家。郭熙所著《林泉高致》成为日后山水画与传统园林的布置逻辑中难以躲开的理论。我们可以其为例，一窥画论在园事中的作用。

山以水为血脉，以草木为毛发，以烟云为神采。故山得水而活，得草木而华，得烟云而秀媚。水以山为面，以亭榭为眉目，以渔钓为精神。故水得山而媚，得亭榭而明快，得渔钓而旷落。此山水之布置也。

郭熙在这段话中，以人喻山水，将山水关系阐述得淋漓尽致，明确了景之为景，山不可离水，水不可离山的格局特点。不仅展示了古代画家的山水布置原则，也可以明确园林中有山有水有树有亭的基本格局。

郭熙不仅仅是认为有山有水为好景，还对如何是好山做了一定诠释：

《林泉高致》

北宋郭熙所著山水画论，是后来山水画乃至传统园林营造必参考的理论。

山有三远：自山下而仰山巅，谓之高远；自山前而窥山后，谓之深远；自近山而望远山，谓之平远。

园林中，由于园子较小，无法纳入真山。常利用近大远小的原理，将人直接限定在小假山前，逼近假山而观之，以体现山高远之意向。以曲折环路绕行而上，登高以观假山，以体现平远之意向。又多以树木为遮挡，拉开狭小空间的距离感，远处半遮半透，以体现深远之意向。有学者认为环秀山庄的假山就体现了郭熙"三远"之意。画论体现了文人群体的审美倾向，画论中之山必然是与园林中之山有着千丝万缕的联系。

郭熙又说水：

水欲远，尽出之则不远，掩映断其脉，则远矣。

大概是由于山水画的影响，中国传统园林中的水景与其他文化不同。中国园林更加关心水的来龙去脉。古人更爱"水远"，所以园中小水，必与画论相彰，断其脉而示其远。看不到头，自然水就远了。

拙政园中的小飞虹是其中的经典案例。为了将水的尽头掩盖，在两岸之间立桥，以桥的位置遮挡了远水的驳岸，造成一种水面无边界的绵绵不绝感，利用视觉遮挡，将小水面造成了大水面。以桥和水面的曲折将水从视线上扩大的手法在

传统园林中的假山

太湖石

传统园林中屡见不鲜，这与山水画中求水"远"的思考逻辑在自然追求上应该是一脉相承。

传统园林中，置石是十分重要的一个部分。对石的审美基础，基本上是由画家奠定的。北宋米芾字"元章"，闻名古今的第一石痴。米芾拜石的故事一直传为美谈。米芾玩石如痴如醉，见奇石便"呼为兄弟"，见之三拜九叩。那么米芾对石自然也有一番审美见解。宋人渔阳公所著《渔阳石谱》中记载：

米芾相石之法有四语焉，曰秀曰瘦曰雅曰透。

即"秀瘦雅透"。几经变化，到了清乾隆年间，"扬州八怪"之一的郑板桥又从米芾与其后多家之言中提炼出"瘦、皱、漏、透"四字。

传统园林中，多用太湖石造景，因其满足相石四法，故得造园者偏爱。由相石四法就能看出，太湖石审美与画家相石审美是分不开的。

正因为中国山水画与传统园林存在着千丝万缕的联系，所以古代许多画家也对造园一事颇有研究。古代山水画家对园林影响很直接，尤其在明清时期。四大名园之首的拙政园正是明人王献臣邀当时吴门画派大家文徵明做的初步设计。之后文徵明不仅画了著名的《拙政园》三十一景，还为拙政园作记，题写了许多诗、对联和匾额。可以说文徵明直接影响了拙政园的格局，奠定了拙政园的结构基础和文化情调。

米芾
（1051-1107）
北宋书法家、画家、书画理论家，与蔡襄、苏轼、黄庭坚合称"宋四家"。

《渔阳石谱》
南宋赏石文化专著。

四

早在南北朝时期，谢赫在《画品》中就已经提出了对绘画成败高下的衡量标准。

一曰气韵生动，
二曰骨法用笔，
三曰应物象形，
四曰随类赋彩，
五曰经营位置，
六曰传移模写。

后称"谢赫六法"，是古代美术理论最具稳定性和概括力的原则之一。其中最高一法"气韵生动"一直是作为评判画作高下的最重要原则。

谢赫六法
自六法论提出后，中国古代绘画进入理论自觉时期。此法被用于评价绘画成败高下的标准。

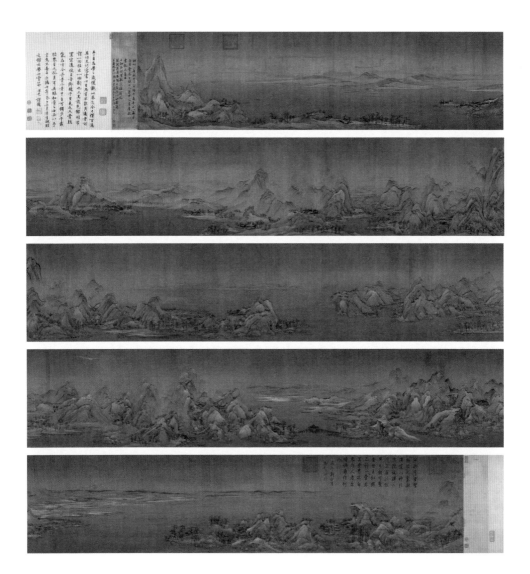

千里江山图

江山秋色图

何谓"气韵生动"？古人画作讲究内在精神内涵，高雅、高尚的精神能够在画作中体现，则为气韵。而其中精神能够让观者感同身受，则为生动。我们埋个伏笔，且不谈如何生动，这篇先说说气韵。

气韵讲究形势相依，不论作文绘画还是叠山理水，若为佳作，必定"形""势"相随。看山"三远"与"相石四法"，可大致归入"形"这一内容。"水断其脉"大概为"势"。而相比"形"，古人更在乎"势"。因为势更能包含作品的"气韵"。

势可以理解为一种趋势，是未发生却似乎将要发生的动作，也或者是截取的最具代表性的整体性气氛效果，是外在形的内在动力和表现，势与意相通。古人很少会将所见山水原封不动画进绢本或纸本之中。观景而作画，画作必定取其势而达其意。所以其势表现出来的形本身并不具备什么，但看起来似乎将要发生的形态或者趋势才是主角。而这种将要来临或者整体趋势才是气韵的根本表现方式。

传统山水画，不在写实，而在表意，表意最突出的方式就是对势的营造。王希孟的《千里江山图》气势恢宏，意境磅礴，颇有王者一览江山的气度，这是其中气韵。同样描绘南宋江山的还有赵伯驹的《江山秋色图》。两者都表达了类似的气势，但《千里江山图》更为厚重沉稳，以色彩突出其厚重感。《江山秋色图》则偏精细工致，变化更多，以群山的组合和位置经营来体现整体的磅礴恢宏，有种呼之欲出的动势。两者虽形不同，但其势却类似。

《千里江山图》
北宋王希孟创作的绢本设色画，现藏于北京故宫博物院。

《江山秋色图》
南宋赵伯驹代表作，现藏于北京故宫博物院。

早春图

荆浩在《笔法记》中如此描述：

《笔法记》

中国古代画论专著，系统论述了
山水画的创造方法和艺术准则。

> 山水之象，气势相生。故尖曰峰，平曰顶，圆曰峦，相连曰岭，有穴曰岫，峻
> 壁曰崖，崖间崖下曰岩，路通山中曰谷，不通曰峪，峪中有水曰溪，山夹水曰涧，
> 其上峰峦虽异，其下冈岭相连，掩映林泉，依稀远近。

峰、顶、峦、岭、岫、崖、岩、谷、溪、涧皆为万物之形。山上峰峦虽
异，其下冈岭相连；水，掩映林泉，依稀远近。此为山水之势。再看《千里江
山图》与《江山秋色图》，两者无不符合其中山水之势。这"上峰峦虽异，其下
冈岭相连，水曰掩映林泉，依稀远近"应该可以算得上传统园林山水之势的基
本语汇了。

之前谈了那么多郭熙的画论《林泉高致》，怎么能不谈郭熙的名作《早春
图》？郭熙能画出"远近浅深、四时朝暮、风雨明晦之不同"，以此方式作画，
形势具足。《早春图》表现的是冬去春苏，大地复苏的细致季节变化。但神奇
的是画中虽表现早春却并无桃红柳绿之景色。清乾隆皇帝题诗点明了其中奥
秘：

《早春图》

北宋郭熙代表作，现藏于台北
故宫博物院。

> 树绕岩叶溪开冻，楼阁仙居家上层。
> 不籍柳槐间点缀，春山早见汽如蒸。

郭熙不以柳槐来表现春，而是以独特的"山气"来表现万物复苏。有在山
中生活经验的人应该了解，早春时，山中冰雪融化，山气像蒸腾一般烟雾缭绕
起来，似乎是山水复活的前兆。郭熙通过远近明暗的描绘，不直接画柳槐，而
是画出山气，将其中复苏的"春势"表现出来，春意的气韵立刻融汇其中。原
来山水也不仅仅表达山水，也能有朝暮节气之变。或者说通过这些变化，也能
使得气韵从中而出。这是典型的中国传统语汇下的描绘逻辑。

虽然郭熙、荆浩、王希孟、赵伯驹早于明清几百年，但他们的思想逻辑却
一脉相承地传到明清园林中。譬如个园的四季假山，颇有《早春图》之势。

春山位于桂花厅南，个园门外修竹高出墙垣，竹间种植石笋，点出"雨后
春笋"之意。假山山势生长挺拔，呼之欲出。带给人一种生长、繁荣的动势和
气象。

夏山的主体由太湖石叠成，以太湖石柔美和多变的形态，模拟出停云之
势，似夏去气象。山上繁花垂柳，山下古树名木，一片盛景。

秋山以黄石山拔地而起，峰峦起伏，咫尺千里。古来秋时登高望远，沿秋
山蹬道而上，颇有秋高气爽之意。

冬山以宣石堆砌，迎光闪亮，背光泛白，似白雪之景。墙上开凿二十四个风洞，巷风袭来，风声宛若冬风之势。

所以对于扬州个园假山有"春山澹冶而如笑，夏山苍翠而欲滴，秋山明净而如妆，冬山惨淡而如睡"的评价。又有"春山宜游，夏山宜看，秋山宜登，冬山宜居"的说法，简直就是将郭熙《林泉高致》中的"行、望、居、游"纳入一园之中。

个园在咫尺之间纵观四季，是因为以四季之势堆山定势，将四季的感受在假山和空间中表现出来。将要发生的生长为春势，取夏之繁茂为夏势，蹬萧瑟之山为秋势，莹莹之色为冬势。

势成则景成，气韵含其中。

这里值得加以分析的是同样为东方园林的日本园林。中国人相比"形"，更关心"势"。"势"到了，"形"就稍稍不那么重要，园林中可变的因素就多了。和我们园林类似的日本园林在此点上就有所区别。日本也讲究"势"，但他们在此基础上更愿意将"形"发挥到极致。例如日本的枯山水就是其中代表。枯山水其"势"不减，同时由于极简的形大大增加了"可观"的价值，也具有极深的日本式文化内涵。不过与中国传统园林相比，有时追求一点的极致会因此稍稍忽视了"行"与"游"。与中国的中庸之道不同，这大概与日本"物哀"的极致文化表现和禅宗的思想有关，由此衍变出独特的艺术风格也成为世界园林界独具一格的园林形式。

日本枯山水非常好地传承下来，独立于世界园林，但中国的传统园林却不如日本传承得这样好。对"势"的重视是传统园林典型的语汇特点，但对"形"表现不追求极致，一定程度上也阻碍了传统园林发扬光大。不过这种思想并不是"糟粕"，只是在"快餐时代"的暂时现象。

五

《园冶》中最重要的原则之一"巧于因借"一直都作为各代造园人的最重要的设计原则。"借"是园林第一手法，"借"却不能说是中国传统园林独有的技法，譬如在法国传统园林中也能看到借的巧用。但若说中国的借只为借景，未免太过狭隘。如我们之前所谈漏景、透景，也为借的用法，更为巧妙的是，中国的借也不限于景。

　　中国人自古有尊重祖先的思维，在五四运动前，中国人认为古之圣人一直是当代人学习的榜样。这导致了一个延续至今的现象，中国人喜欢"用典"。"用典"即引用典故，以过去的贤者来作为现在的借鉴。这是中国人典型的"借"。以此观园，园林中的借，意味就丰富了。园林之中，可借之物有文、画、景等等。南宋以来，园林中的假山多以灵隐飞来峰为可借的对象；拙政园中的枇杷也是借自古代名园中"东园载酒西园醉，摘尽枇杷一树金"的张氏东西两园。不仅这些例子比比皆是，几乎各个园中，都有文人题诗题字之景，园林中假山的设计，也是常"借"了绘画之理论。中国人不爱借形，却爱借势和典故，也可能是因为"因借"讲究因地而借和因时而借。《园冶》中言借，有邻借、远借、仰借、俯借，而计成放在最后也最重要的是"应时而借"。若单单只是形借，那园就非"不可传"了。不止是场地内外之景皆可借，过去的经典和场景也一样可借，借来的是与过去时空里不变的情怀，而不是形态。

　　当代一些有思想的设计师也在传承传统园林方面做出了自己的努力。他们的主要方式就是借传统园林的语汇来展现空间。法国景观设计师阿兰·普罗沃曾认为"各个国家都能找到与其古典主义相对应的新古典主义，唯独中国，除了贝聿铭在苏州博物馆的园林设计外，并没有见到中国的新古典主义"。即使是在多年前，对于这个观点，我也不能完全赞同。

　　贝聿铭在苏州博物馆（苏博）的园林设计，确实取自中国传统园林。其中最令人印象深刻的应该为那几座片石假山。片石山的布局和选材借中国传统绘画技法布置。山水画中讲"近山有皴，远山无皴"，片石山中，近山选石肌理较多，体现出传统皴法，远山选石表面肌理平整，与近山形成明显对比。同时整个景观以长卷方式展开。这明显是借了传统长卷山水画的形态。难怪阿兰认为这是中国的新古典。但这种表现方式只借了山水画的形，并且将形表现极致，这种类似景场的处理方式，与其说是中国文化的取义，不如说更类似日本园林枯山水。但若是说这是枯山水，却也不能相同。

　　偶然看到《园冶》掇山篇，给了我一个提醒。于是还有一种猜测，这片石山的做法有可能是取自《园冶》：

　　峭壁山者，靠壁理也。藉以粉墙为纸，以石为绘也。理者相石皴纹，仿古人笔意，植黄山松柏、古梅、美竹，收之圆窗，宛然镜游也。

　　后得知贝聿铭先生曾自言出自《园冶》掇山篇，也印证了我的猜想。《园冶》此段说掇山，很显然源自中国传统山水国画艺术。以墙为纸，石为绘，用圆窗收之。但不知设计师是过于沉迷《园冶》所述，还是出于对古代经典的敬意，竟以将形发挥到极致的方式来表现这种石墙为画的意境——直接将书中所

贝聿铭

华裔建筑大师，被誉为"现代建筑的最后大师"。1983 年获建筑最高奖——普利兹克奖，1986 年获里根总统颁发的自由奖章。

上左 可园月亮门　**上右** 苏博假山侧面　**下** 苏博入口月亮门

述搬出。有些可惜，常言道尽信书不如无书。

《园冶》所绘之境，大概倾向于私家小园，希望于有限空间中多作变化。其中所绘，山石松竹，收之圆窗，更像扇面小画，意境婉转缠绵，不似苏博中场地广大，能够以山水长卷形式展开。观苏博片石假山，与王希孟《千里江山图》颇有几分神似，其意磅礴。这本也无碍，反是极好的创新。可却偏偏依扇面小画之意，以圆窗收之，意境稍差。入口视线直达的景观感受而言，似乎像一个西方人在往景眇宜修的感觉里钻。不过在现代文化环境里，传统的那套过于套弯弯绕的手法恐怕并不受欢迎，这样的感觉也是无可厚非。反过来看，其手法干净到位，是十分难得的景观。

古代中国长卷画从来不以全画展开的形式欣赏。观画时，观者两手持卷，一边开一边卷，看一段叫一声好，视为动观；作画时，以旷观角度全览景色，以散点透视描绘画面。苏博中的片石山显然以长卷方式展开。我认为这片石想表达动观是不到位的。若是表达旷观，进入院子之后，这感觉也是不强的。但设计师显然意识到这点，于是在片石前横桥，限定了观看者与片石的观看距离。在桥上，视线中是难以将片石全部囊括的，但眼角余光补全了景观，做到了依靠图片无法表达的旷观空间效果（余光的感受对于观者感受空间而言十分重要，假如有机会会在别的地方详细研究）。单这一景，山的形态气势与远近色彩都十分到位，观景位置也考虑周到。可以认为传统园林语汇借得极好。

景说完了，我们接下来说一说园。好景置于整个空间之中却稍差。其不足之处在于景场与人场的混乱。传统的苏州园林以人场为设计逻辑，苏博既然源于传统园林，却以景场为逻辑设计片石山，将书中之景直接搬至园中，忽略游人的移动方式，自然产生与传统逻辑——人场的差别。虽然在其中将景做到极致，但以人场为标准的话，依旧是不足的。譬如在侧面观假山之时，则完全不具备山水画意，假山形态成一片破败景象；同时，刚刚从大厅进入院子时，并不能保持在桥上观看的距离，相比横桥距离拉远了，则旷观感受就失去了。可以认为，苏博假山只能在横桥上看，别处是不行。苏博假山仿传统造园手法，却舍弃了传统的"人场"逻辑，以"景场"为基础逻辑进行组织，却与传统形似而神离。而以"景场"为典型的枯山水，却与苏博假山有共通之处，难怪偶尔也有设计师也将其误称为枯山水。

我在苏州之时，见沧浪亭对面重修清朝可园，便入内一观。遂知苏州其他名园确有其成名之理。可园内，湖面四周开阔，连廊湖面一侧无墙，植物稀松，一瞥则四周之景皆在眼前，显得过于空旷通透。且湖面四周无高差变化，与对面沧浪亭相比，空间过于单一无味。游人于入口处，目光直达湖后连廊，而廊内墙开窗略高，部分墙面又无开窗，以字画挂其上，使得墙后假山与湖面

沧浪亭

位于苏州，始建于北宋的中国古典园林，是苏州现存历史最为悠久的古代园林。

几乎完全断绝关系。如此形成两个乏味的空间，与苏州其他成名园林不可同日而语。回看苏博，我们撇去片石山这一焦点，看园中整体空间，入口月亮门及园内湖周布置却与可园相似。是以为苏博园林精于画而失于园。

后来有朋友批评我说，这评论有些重了。我仔细想来，确实如此。一方面，当下的苏博假山被大量房地产示范区设计抄袭，即使从片石角度有可与苏博比肩的材料与形式，但从观景的角度，也并没有如苏博横桥如此到位的设计。偶尔还有些东施效颦的作品，观者却也拍手叫好。另一方面，苏博的园林成果为后来设计师探索传统文化的转译提供了极好的样本，是设计在快餐时代难得一见的精心之作。我们不可能要求任何一个作品满足所有立场的审美。有时候我也在反思，我的主要评判依据——人场与景场，或许在当下的环境里没有多大的区别。毕竟大多数现代人都是懒得动起来的，能坐着看就静静欣赏好了。"脚着谢公屐"式累死累活的爬山，大多数游客也不愿意总干。对于现代人，观光与体验的边界是很模糊的。苏博对于现代游客而言，或许并没有什么大毛病。虽说这似乎是传统遗失的一种表象，但作为设计师而言，我们不得不被动接受这样的事实。

苏博的园林得到认可，恐怕很大程度上是满足了外国人甚至一部分中国人对中国传统文化的猎奇心理。尽管如此，设计师也在试图返回古代经典并加以创新，希望营造中国的新古典主义，比同时代只知堆砌符号的设计强上太多。起码苏博的园林为后来的设计师树立了一个研究传统园林文化的标杆和里程碑。与此同时，王澍的"新中式"建筑形式也得到世界认可，中国许多设计师马不停蹄地将设计热情从西方转向了自己的文化内涵。虽然仍以快餐式设计居多，但庆幸的是，好歹是转向了自己。

新中式
对中国传统进行诠释的新古典主义风格。

在阿兰和贝聿铭之后，也有一些非"快餐"设计师和事务所，其花园（garden）作品也不乏佳作。但终究太少，很可惜的是，其中多以高端地产为基地，难以找到合适的分析材料，在这里只能再借朱育帆老师的作品来引证。若是说上海辰山植物园的矿坑花园是个借传统语汇表达的作品，恐怕很多人会有疑义。矿坑花园以现代材料锈蚀钢板为基础，引导游客对矿坑游览。虽然锈钢和矿坑这两者就不曾在传统园林中见过，但这实际上并不是巧借语汇的要点。

矿坑花园的道路引导性很讲究，在向下进入矿坑时，钢板空间狭窄。在一个转折之后，豁然开朗。

似《桃花源记》所文："初极狭，才通人，复行数十步，豁然开朗。"

为将矿坑之景"豁然开朗"地展现在游客面前，设计师借了传统文学中桃花源的进入方式，虽然以现代材料建造，但设计师以这种方式将人引向矿坑之中，却不失古义。

进入矿坑中，栈道并没有多余的停留空间，只是窄窄一条，四周皆为水面，限制了游客的观景空间，同时也限定了游客对空间及山壁体量的感受。我猜想除了施工和造价外，这是希望以传统园林中看假山以小见大的方式，逼迫游客的观景位置。这相对苏博而言，是更加到位的限定。

矿坑的肌理，此时就巧妙成为了传统的假山，但其尺度体量都大于假山。虽然应定义为第四自然，但其形态肌理更接近于古人最为喜爱的第一自然。值得一提，假山也是仿自第一自然，矿坑壁的肌理与山水画中第一自然的皴法相符。同时路线上一簇植被的插入，遮挡了出口的山洞，也丰富了空间感受，增加了传统园林曲径通幽的意境，完整了传统园林的空间逻辑。设计师完全利用现状，将游人直接引入其中，以山石面为景，将山水气质直接展现给游人。再加上水上廊道的体验，具有很强的传统语汇色彩。

《溪山行旅图》

北宋范宽创作绢本墨笔画，现藏于台北故宫博物院。

矿坑上瀑布飞流直下，不仅分割了坑壁，增加了观赏效果，也使瀑布本身成为焦点。瀑布的手法颇有点北宋范宽《溪山行旅图》中瀑布的味道。范宽又称范中立，因总是在画作中央以"巨碑"的形式展现山体而闻名。《溪山行旅图》中"巨碑"的右界巧妙地以瀑布分界。矿坑花园中，瀑布不仅在三维空间中形成分界山体的黄金分割线，也在二维空间中形成画面焦点。这以瀑布分割山体空间、增加观赏价值的手法确是类似的。

走在矿坑之中，传统园林的意味甚浓，整个花园从本底肌理到人工材料的选择，从观景路径引导到观景尺度设置，处处透出协调稳重，处处体现自然粗犷。仔细想来，这里竟全为人造。虽为人造，宛自天开。可以说矿坑花园是传统园林的转译的杰作。设计师并没有借传统园林的场景或者元素等，而是因地制宜，以传统的语汇和现代的材料及技术展开设计。

我有时在想，当年那个爱花的大叔如果来到这里会有什么想法呢？

无病呻吟

这一篇的主题看题目就一目了然，之所以要讨论这个问题，是基于当下的认识。对风景园林，不同的设计师有不同的见解。单单我见到过的，就有认为园林等同于景观的，有认为园林就是工程的，有认为园林只是需要满足功能的。这些基本在之前都提过了，但是没有提及的是他们对文化的认识。

一般而言，在面子上讲，设计师们都提倡设计要有文化。但里子呢，又觉得这不过是华而不实，毫无意义的东西。文化成了更好拿下项目的工具。如生态一样，文化被强行地插在了各个项目中。那么文化究竟有没有意义？

毫无疑问是有的。大概因为漠视了"场地屠杀"，设计师们经常把文化做成了"没文化"。文化成为工具理性的一个表现，目的只是为了增加拿下项目的概率。在这样普遍低劣的城市环境和市场条件下，这当然也是务实的办法。但随着市场的进步和人们对于低质人居环境逐渐地不满足，设计必然回归到人与文化上。可究竟什么是文化？

字面解释，文化就是人类创造物质财富和精神财富的总和。但设计中如何体现文化？

经常有朋友指着路边的广场名称开玩笑，这个空旷的广场为什么叫文化广场？它到底哪里体现文化了？

并不是一个广场体现文化，而是这个广场提供了展示文化的空间。这种提供空间的做法，目标点是在于建成之后其中产生的文化，或者说未来的文化。未来文化总是蓬勃而充满希望的，这自然是值得为之的好事（有些大众认为俗不可耐的娱乐活动，包括一些奇怪的街头表演，甚至是广场舞，都是我们当前不可否认的社会文化的一部分）。为文化提供空间是设计中联系当代社会文化的一种方式。

之前文章所介绍传统内容的，很显然是带有怀旧色彩的过去时内容。它们值得我们传承。这样的文化气质与未来的不同，它显得更深刻而沉重。

许多现代设计中，有意识地加入传统文化，却因为各式各样的原因而显得意不符实，无中生有。例如近年来兴起的仿古商业街。随着宽窄巷子、南锣鼓巷等仿古商业街的成功，开发商好像捕捉到了新的摇钱树，疯狂开发仿古商业街。可惜开发商不知这些成功案例的背后做了多少的研究，其深度和所花时间都不是任何一个快餐设计可以比拟。这些成功案例背后，是对每个建筑的测绘、评价；对现状空间围合感、适宜度的分析；对场地铺装和游客心理学的研究；对周边文化环境和经济环境的分析。最终才得出需要建设仿古商业街的形式、规模、业态等结论。许多又"土"又"豪"的委托方总觉得大手笔一挥，一两个月就能把一条街建出来，策划里的盈利回本年限越短越好。对"快餐式"设计出的商业街，不过是披了一层仿古的外皮。空间形态、内部结构、商业街业态等都没有经过合理的研究评价。许多做法也与传统文化和现代功能背道而驰，导致许多仿古商业街终成死街。这些设计不过是为了做仿古而仿古，或者是为了经济利益而仿古，无异于自掘坟墓。

这是国内较为普遍的设计现象。中国人习惯寻祖讲源，每个角落的设计都要清楚明白，最好是引了什么含义，借了什么理论。于是在古迹边上的，就有了古迹文化；在商业区边上的，就有了商业文化；在学校边上的，就有了教育文化；在厕所边上的，好像也得有厕所文化。这样泛泛地谈文化，真是误导了大众，没见到托着书的雕塑就不是学校，没见到仿古商业街就不是古迹了。这就是典型的无病呻吟造成了"场地屠杀"。

西方则很少出现这种方式表达文化的园林设计，他们更关心的文化是人与自然产生的直接文化，是自然观的直接表达。目前国内这样对于文化采用简约到简单再到简陋的表达方式，只表现出了"没文化"的一面。难怪现在许多设计师放弃谈文化，这也是情有可原的了。

纵观历史，一句话在此更合适不过——风水轮流转，天道好轮回。当年造园的文人在亭榭之中对酒作诗，晒笑匠人"匠气"之时，绝对想不到如今造园的设计师都成了匠人。对于只使用文化做表面包装这种事，只有"匠人"才做得出来。这是文人的"报应"，也是时代无可奈何的特征。一方面，园林行业对于年轻人而言是个生存性价比不太高的行业，这首先就挤出去了一波"有志"

青年。另一方面，文化是需要长时间积淀的，可惜快餐式的设计和逃避文化的做法使得读读书也只是为了自娱自乐。工程都忙不过来，还有时间读书吗？这就是快餐时代，在这个时代里，行业内缺的正是诗人。

在重新认识这个快餐时代时，很多设计成果或者是设计文本给新人们很大的误导。例如许多公园规划设计，为了体现中国传统文化，在推导设计时先将一个汉字行书摆在基地图纸之上，然后根据这个字的形态去设计空间。往往从头到尾都看不出这个公园空间设计究竟和这个汉字有什么关系。也许主流设计中，这早已是过时的往事，但现在一些设计师仍然多多少少在重复这样的工作，这就是很可怕的事了。

又有许多设计中，文化变为一个必提的部分。总有些场地不讲文化好像就有所缺失。如果这个场地真的需要文化，那设计师就应该好好去研究。立个雕塑，摆个小品，虽说也能展现文化，但这种手法毕竟是浅薄之举。这里我并不是反对使用这样的手法，而是要"应时而借"。这样的设计难脱肤浅之嫌，更何况这些也不全算是园林设计师的专业工作，更像是设计师黔驴技穷之后投靠了其他艺术形式。

又有一些设计师认为，设计中的文化，其实是展现人对于自然的态度，展示人与自然的关系。这点要归根到人类的自然观，这当然是一种文化，并且是文化的一种本质。是这种本质将文明一步一步发展出各种不同的样子，这点在后文中会详细阐述。但很可惜的是去思考这点的设计师似乎并不多，做出成果的就更少了。

刘勰认为，文学作品必然有一定文采，但文和采是由情和质决定的。因此文采只能起修饰作用，它依附于作者的情志而为情服务。做文章大致可分两种，"为情而造文"和"为文而造情"。前者述志为本，后者无病呻吟。

天下大道，殊途同归。在前文《传统语汇》篇中也做此说明，作文与设计有诸多共通之处。若没有情志和内涵，如何能做出有内在文化的感人设计？倘若只是为了虚构一个情怀去营造，必然成了无病呻吟之作。相比无病呻吟之作，就算是单纯满足功能的诚实设计也要好得多。

引文学家之言，对展现传统文化的设计提出基本标准——"古典美而不迂腐，民族化而不过'土'"。坦白说，这不是件容易的事。这就需要我们对传统文化的深度有深刻的理解和研究，并且需要更多创新性的手法了。

天地溯源

之前花了大量的篇幅描述古典园林的传统语汇，事实上只是冰山一角而已，但这一角应该也足以窥见端倪。现代的设计中，传统语汇的用法已经逐渐被遗失。特别是在公园设计中，西方的手法被不断引入，导致大多数公共空间设计的本底语汇都源自西方文明。这也无可厚非，毕竟很多传统语汇在大空间上出现了局限性。那么难道我们自己文化里的东西不能为现代公园提供模板和指导吗？如果可以的话，又应该从何寻找呢？

这恐怕又要从我们所能认识到最早的年代开始谈才能帮助我们更好理解自己，我们要谈谈在传统语汇之前的事。这些事是促成传统语汇的内容，是传统语汇的世界观。

这些内容如"阴阳"的这种世界观一样，甚至在"阴阳"诞生之前就已经存在，如果一定要给这些传统语汇的世界观归类，那他们大概是属于专业认识范畴。可惜有许许多多的思维习惯和方式，并不像"阴阳"这般被总结的如此简练，但却实实在在影响着中国人的一举一动，其中自然也包括设计。这些内容又过于庞杂，考虑了许久，终于决定还是从传统语汇中的"用典"开始谈。

中国人特别喜欢"用典"，凡事都想引用古圣人之言。用典也是一种经验和历史的借鉴，这在古代上层阶级中尤为明显。往往用典的说辞是最具有说服力的。譬如古代大臣向君主进谏时，对话中常常会引述古代圣王的事迹作为自己言行的有利支撑。以《孟子》为例，全书二百六十节，多处是孟子对君王的谏言。其中有十节提到尧，二十九节提到舜，八节提到大禹，十节提到商汤，十七节提到周代先王，十二节提到周代早期诸王。中国人喜爱"用典"的程度可见一斑。

没有一个民族像中国人如此喜欢"用典"，典故的持久生命力也是在国人的这种热爱中延续。传统的典故主要是来自先辈们的实践，以及对自然界敏锐而智慧的观察。那么"用典"就可以理解为是向先辈和自然借东西以为己用。中国人喜欢借，更爱巧借，所借之物必然是极好的，至少要强过自己本来所拥有的。继而可以这么理解，中国人认为最好、最正确的东西都是来自祖先和自然。中国人认为祖先死后，和自然融为一体，成为超越人类智慧的鬼神而存在。正如墨子所言："鬼神之明智于圣人也，犹聪耳明目之于聋瞽也。"这是源于中国人的传统信仰，一种祖先崇拜和自然崇拜。

二

我们重视祖先到什么程度呢？对祖先的祭祀是一件大事。现代还可以看到在许多地区有着祭祀祖先的风俗：传统的院落里，位于建筑空间最为重要位置的应该是祖先牌位；南方地区的宗庙和祠堂都是区域内极为重要的文化空间；甚至现在我们骂人之时，诅咒"断子绝孙"的用语都属于极为狠毒的一类。仔细想来这句话究竟狠毒在哪？根源无非是害怕在自己死后没有子孙后代祭祀自己而已。

单单从现代的现象还不足以说明问题。

不识庐山真面目，只缘身在此山中。

我们常常对我们的传统思想习以为常，于是忽视其中最为重要的部分。事实上现代对祖先和自然的信仰已经逐渐被许多外来宗教和科学思想所影响而减弱，却无法完全消失。因为千年来的民族传承，这种思想和传统深深烙在民族的根上。不管我们是要找到和园林传统语汇有关的本质事实，还是了解影响传统园林产生和风格与其他民族园林差异的原因，又或者要分析如何继承和发扬传统园林和文化，都有必要在分析园林史之前，了解只关于中国人本身的事。这得从有史以来谈起，即三代和三代以前的史前史，那么就得用到考古学。

从夏商周开始，中国进入青铜器时代。青铜是人类生产力进步历史上的一个重要的里程碑。不过在中国的考古领域有一些很有趣的现象。中国先于其他文明进入青铜时代，但在如此快速进入青铜时代后，青铜器工具似乎并没有用来创造生产力。在挖掘出的商周遗址中，出土了大量农具，其中的青铜制品却寥寥无几。那时候的青铜器技术已经比较成熟了，却难见于生产中。很显然那个时代并不在乎生产力是第一要义这件事，古代社会进步的推动力并不像是只有生产力这么简单。我们更加关心的是古人究竟在乎什么？青铜又究竟用来做了什么？

兵器和礼器

出处：《左传》"国之大事，唯祀与戎"。

答案是兵器和礼器。

祭祀和战争，自古就是国家的头等大事。战争成为国之大事是很好理解的，但是对于祭祀，似乎就有一些疑问。更为"离谱"的是，考古学家认为，在早期以氏族为生产和战争单位的中国大地上，族长很可能就是一个负责和天地祖先沟通的大祭司，这种现象一直延续到商周。也就是说在出现了国家这个政治组织之后，一个国家的首领，仍然是一个最重要的大祭司，或者控制着一批掌握祭祀能力的大祭司。容庚在《商周彝器通考》中对商周青铜礼器进行了详细的描述。其中食器有12种；酒器22种；水器315种；乐器8种。可见古代的祭祀繁琐至极，可称得上是用举国之力来进行祭祀先祖。从另一个角度讲，一般也只有王才具备这样的政治能力和经济能力。

为什么我们不把重点放在农业生产，而是祭祀呢？用现代人的观点看，中华民族似乎不是一个务实的民族。我们把大量的时间和精力花在虚无缥缈的死去之人身上，实在是浪费。那个年代，事不论大小，都要以占卜论吉凶，那时的占卜就是询问祖先行事可否。而能祭祀和占卜什么样的祖先，就取决于祭祀者的能力和权威。只有氏族或者是国家的最高领导者，才能和"最高级"的祖先沟通，同时从"最高级"的祖先那里得到的信息也最具权威性并且最正确。所以祭祀在古代是一种政治权威。只有祭祀的巫师，掌握了最多的文字，也就意味着知识和历史，同时这也意味着掌握着所有和祖先沟通的方法，这是一个王的必要条件。

周天子有青铜礼器九鼎，"一言九鼎"的成语就是源自此处。这九鼎象征着只有天子才能拥有的领导权。也因为争夺这九鼎，古代战争不断，甚至有诸侯国君死于九鼎。不过是几个礼器而已，中国的政治家和军事家就要抢得头破血流。这并不是很可笑的事。因为九鼎是公认的天子象征，掌握了九鼎，就有了绝对的政治权威。

中国人传统的思想里似乎没有类似于现代人实用主义和功能主义的概念。现代人肯定认为祭祀这种事对于一个国家和人民是毫无功能的。事实上，从上面分析来看，古人并不是不讲实用和功能。祭祀能力在古代是一种"文化软实力"。他们的世界观和自然观与现代以西方科学观为主导的不同，才导致了这种种现象。古人的思想也或许可以引发我们对于现代功能主义等西方文明植入观念的思考。如果以不同的世界观和自然观来看待世界，我们所提的功能是否会发生巨大的变化？当然，偶尔的启示需要读者深入的去探究，与要讨论的主要内容并无太大关系。我们现在需要去了解的，应该是导致这种现象的自然观。

三

为了清晰描述中国文明或者更广义的东方文明自然观，我们恐怕难免要与西方传统的自然观进行对比。这里并非厚此薄彼，只是以对比的方式增加理解。

张光直先生在二十世纪末，提出了一个震惊世界的观点：考古学发现西方的一般文明产生和发展的规律在东方和一些美洲地区并不适用之后，他认为以中国为代表的东方文明有着"连续性"的自然观，而西方文明则有着与东方相对的"破裂性"的自然观。并且以东方世界为主导的"连续性"自然观应该是世界文明进程的主要形态。西方世界的崛起，只是一个例外。

张光直
（1931~2001）

当代著名的美籍华裔学者，人类学家，考古学家。李润权先生在《张光直教授的学术成就》一文提到："在西方世界，近40年来，张光直这个名字几乎是中国考古学的同义词。"

由于我们是园林类文章，如果要以专业性较强的考古学来讨论问题，接下来就无法避免地需要大量引用考古学家的论点。虽然之前就是这么做的，不过接下来也许无法如之前论述那般浅显，希望大家耐心一些。

东方世界的连续性体现在古人对世界的认识上。真正中国的宇宙起源论是一种有机的起源论。也就是意味着整个宇宙中所有的组成部分，都是这个宇宙的有机整体，其中包括人类。所有的一切都在一个自发的生命程序之中。我们在中国古代可以很容易找到这种观点——"天地不仁，以万物为刍狗"。这种站在宇宙的角度，审视天下，得到苍生皆平等的想法是中国传统的宇宙观所得到的结果。我们可以这样理解连续性，它是指人与自然是连续的，无法割裂的。

张光直先生认为，中国对祖先和自然的信仰是一种类似于萨满的信仰。这种萨满信仰与世界其他萨满信仰类似，并且可能具有一定的传承关系。例如美洲的印第安文明等等。他在连续性的特点层面讨论这个问题，并找到了一些中国古代破碎的证据：

公元前5000年到3000年前仰韶文化中的骨骼式美术；公元前3000年到2000年前东海岸事前文化里带面纹和鸟纹的玉琮和玉圭；殷商时代甲骨文中所见对自然神的供奉、世界的四土，四方的凤和精灵，和凤为帝史的称呼；商周两袋祭祀用器上面的动物形象；中国古人对"气"的连续存在的信仰；东周《楚辞》萨满诗歌及其对萨满和他们升降的描述，和其中对走失灵魂的召唤。

张光直先生认为这些破碎的证据和中国现存的一些传统都指向萨满式意识形态的特点：
1. 自然地产生是自然的变形而不是创造；
2. 宇宙是分层的，若干层次之中居住着各种神明。或世界存在着四方之神。这些神明操纵人类和其他生物的命运，但同时也可以为人所用。例如祭祀等等；
3. 人和动物是平等的。并且与动物之间可以相互转化；
4. 自然中所有现象都是有生命的；
5. 灵魂居住在骨头里。并且可以与身体分开。甚至是旅行，或者被夺去；
6. 迷神失魂现象是与鬼神沟通的关键。

这些现象就算到了现代也有所体现。中国东北至今还流传着召唤鬼神的跳大神仪式；中国传统道教中也有利用自然能量来产生作用的符箓（虽然宗教变了，但本质的自然观延续下来）；对灵魂的信仰一直延续至今；六道轮回的观点在中国也特别盛行。

从萨满信仰特点的角度能够帮助我们更加容易地理解连续有机的自然观，但目前主导世界的西方自然观却是完全不同的。

破裂性是张光直先生提出对西方自然观的特点概述。破裂所指的是人类与自然关系的破裂。西方世界认为文明是人类区别于野蛮自然世界的标志。这是其中的信仰核心。在其完整的自然观中，存在一个造世主，在创造了世界之后，人类又被独一无二的创造出来，并且与世界万物是不同的。接着人类要创造一个属于自己的环境，以适于自己生存并且利用自然之中的资源。这个环境与原始的自然环境是截然不同且对立的。所谓文明即是与"野蛮"的自然区别开的人类产物。张光直先生这样描述西方的信仰核心：

人类自野蛮跨过文明的门槛时，他从他和他的动物朋友们分享的一个自然的世界，迈入了一个他自己所创造的世界，而在这个世界中，他用许多人工器物把他自己围绕起来而将他与他的动物朋友分割开，并且将他抬高到一个较高的水平——这些器物包括巨大的建筑、文字以及伟大的美术作风。

而后基于这种对立的自然观，产生了一些我们较为熟悉的思想。柏拉图认为一般人难以到达的真实，是一个概念式的绝对存在。人和真实性只是在一条河的两岸相互对望却难以沟通。这种思想对于西方后世理念影响很大，有言称

"全部西方哲学传统都是对柏拉图的一系列注脚"。断裂的自然观和柏拉图哲学成为几乎所有西方哲学及艺术的基点。西方早期文明认为这种真实性是难以到达的——人与真实是破裂的关系。但不论是中国传统的道家思想，还是类似萨满信仰的文化观念，都一致认为类似于柏拉图所说的真实应该无处不在——道在万物之中（萨满信仰认为万物皆有灵），并且只要用心随时都可悟道。

值得一提的另一方面，数学在西方早期哲学中有极大的影响。包括柏拉图和毕达哥拉斯在内的一些哲学家相信"与杂乱的自然对立"的极具结构的数字和几何是接近世界真实性的方式，也是全能的造物主赋予"野蛮"自然的本质真实逻辑。历史上出现的毕达哥拉斯教派与东方的萨满迷神失魂的通灵状态不同，他们的通灵仪式是在算数。因为他们认为造物主将人类从自然中区别的创造出来，人工化的数字和几何形是接近真实性和神的最佳方式。其根本思想恐怕也是认为人类文明是独立的、与野蛮自然区别并破裂的存在。

两种文明的区别显而易见。一种表现出对自然和人的统一性观念，一种则是认为人以及人的思维是区别于自然的特殊存在。不同自然观产生的结果也十分有趣。

现在我们应该能更好地理解中国传统中天人合一的思想了。

天人合一是中国人对于自然和自身的最高理想，很明显地反映出这种人与自然统一的连续自然观。传统西方文明则是追求柏拉图理式的绝对真实。或许不提这么玄之又玄的理论会更好理解。举一个简单的例子，中国古人会选择在自然山水之中作诗，然后或写或刻于自然山石之上。文字是直接写在山石之上的，这当然和现在游人随处刻下"到此一游"不一样，虽然可能意思差不多，但是意境比"到此一游"却高得多。不管是过去还是现在，"题诗于石"的做法都被认为是风景之中的画龙点睛之笔。古人认为这是很自然的事，没有什么不妥或者破坏风景的地方。但是西方传统世界却难见这种现象，因为他们认为自然与人类环境是对立的。他们更愿意在整理过的自然之中摆设雕塑。西方的人与自然，显然是如文明与野蛮的对立。

与考古学家不同，我们更加关心不同的自然观对于各个文明之中传统园林的影响。

西方人对于向往自然，往往采取人工和自然并置的方法，由此产生的强烈对比而形成美。但是如果用并置的观点来看待东方世界的自然与人类环境的关系是有偏颇的。相对于"并置"，可能用"融合"这个词更为贴切。

如果对之前描述的自然观区别有一定的理解，不用读园林历史的人几乎都能推断出作为文化载体的园林在不同文明中的基本形态。中国或者东方的传统园林必然以自然式为主，因为东方人认为自己处于自然之中才是最为自在的。如果有可能，必然在自己的园中引入自然。而西方的园子必然以强秩序感的几何式园林为主。西方人认为几何规则的形态才是人类社会应该存在的样子。而园林既然是人类的创造，那么其必定是从原始自然中脱离出来的状态。这种状态最佳的情况就是几何规则的。

自然观无关优劣，园林艺术自然也难分高下。但是随着世界各个文明的联系加强，不同的观念之间也相互渗透。各个文明的园林在自己原本的道路上都有所改变。例如18世纪英国的自然风景园，虽然与中国的园林仍然存在差别，但是已经与西方传统园林大相径庭了。现代主义之后出现了更加丰富的与自身文化背景不同的设计作品和理念，但由于设计师个人理念和创作过程的独立性，也很难从中详细考证。在空间艺术上，设计师们身上都逐渐发生着与自己背景自然观对立的改变。在建筑方面，赖特的设计实践也许就是一个例子。虽然赖特的设计理念是基于本土的自然风貌而得出的，但我猜测他关于有机建筑的理解很难摆脱他最喜欢的书之一——《道德经》的理念。园林方面，在法国早期新古典主义的探索中，虽然大量应用法国传统园林的造景手法，并以现代的方式转译表达，但其中关于场地外部空间的借景和将城市引入自然、自然融进城市的想法，或许多少也有英国自然风景园和东方文明的影子。

四

很早就有学者研究东西方文化差异和园林的关系，但一般都是在阐述文明各自不同的特点和园林发展及变迁的历史。在这里我们以能找到的最早的材料为参考，作为传统语汇的源头来完整我们对园林文化的认识是很有必要的。因此我们也可以通过这个源头，更好地理解不同文化下，不同时代园林的多种现象。西方园林和东方园林相当于两种不同的语言，其下不同分支也就相当于各个方言。这两种语言的本质逻辑是根本不同的。

我们通过东西对比更了解了自己的园林文化，不过追溯源头的另一个目的是希望更好的分析传统园林文化的厚度。对于语汇的应用和诗词的间接研究也可能为传统园林的研究提供一些特殊的方法。

我们所熟知的传统园林主要为皇家园林和私家园林（虽然还有更多的园林分类，但是我们主要以这两类为主导和精髓）。遗留下来的园林基本上为明清时代的杰作。传统观点认为，在明清时代，中国的传统园林艺术达到最高峰。

明清时代的园林成就之高是毫无疑问的，但是明清之前的园林我们很难完整再现，我们对于之前的历史和艺术成就是不是遗漏了什么？

不过我们对于传统国画的研究历史是很丰富的。不妨再以间接的角度去尝试，看看能否对传统园林及其语汇得出新的内容。

传统园林向来以中国山水画为模板和指导，如果以间接的方式研究明清前的园林，那么山水画是跨不过去的坎儿。山水画形成于魏晋南北朝，但当时并未与人物画脱离，也未形成完整系统的风格和体系。北宋时期，山水画得到极大的发展。主要是由于文人思想的变化，从短暂易逝的人物转到千年长存的山水。伟大唐朝的覆灭也许是这种思潮的起因之一，宋代文人意识到不论多繁盛的时代终将过去，但自然中的大山大水却像一个旁观者一般静静看着人类的历史。这种巍然不为所动且谦卑出世的气质吸引了古代文人，文人开始从自然山水中寻找文明遗失的精神。唐代末期，李昭道的《明皇幸蜀图》说明了这种从人到自然的过渡。画中首次将自然的山水占满几乎整个图纸，而"伟大"的明皇为了躲避安史之乱，狼狈地来到蜀中山水之下。山水的大气魄与皇帝的渺小和狼狈形成鲜明的对比。即使是唐朝最为繁盛时期的帝王，在山水面前不过沧海一粟。

《明皇幸蜀图》

传为唐代山水画家李昭道创作的大青绿设色绢本画，现藏于台北故宫博物馆。

北宋的宫廷画派以厚重浓烈的青绿表现出华丽宏伟的自然山水。前文提到的王希孟的《千里江山图》便是其中代表。这时的主流绘画虽然从人物转向山水，但表达出的气质仍然是相对富贵华丽的。

而后文人画运动的兴起为山水画带来了新的生机。文人画多以水墨为基本材料绘画，画中不加重彩，意在表现自然山水的意境，同时也通过山水表达画者的内在精神，而不是描绘山水本身。到南宋时期，以水墨为主的山水画意境成为主流。传统山水画艺术此时达到前所未有的高峰。

两宋时期，除了山水画的艺术成就，还有社会经济等原因，导致这时造园活动也十分兴盛。想必山水画的成就之高，也使得造园艺术极大发展。北宋仅《洛阳名园记》中就记载了24座之多。一些人工设计的山水园林也十分巧妙，譬如艮岳。南宋时期政治经济中心南迁，但并不影响造园活动，仅《吴兴园林记》中记载园林就有34座。

到了元代，异族统治下，民族矛盾和阶级矛盾激烈，经济也几乎处于停滞状态，此时代的造园活动基本无建树。但相对不那么耗财的绘画艺术却在夹缝中求得发展，希望脱离现实的文人回到最自然的山水之中，以元四家为代表的元代绘画创造出了新的绘画成就，山水画又走上了新的高峰。宋元的成就之高，成为了后来画家的瓶颈，使得明清的画家无法超越前辈的成就。

左 元 倪瓒 江亭山色图　**右上** 南宋 夏圭 溪山清远图　**右下** 元 黄公望 富春山居图 无用师卷

　　宋元的绘画成就难以超越的另一个原因，是自元代之后，文人与自然的关系脱离了。宋代范宽、郭熙、夏圭、马远等，无不是在自然山水之中游历，将山水之势了然于心，才得以借纸笔描绘。元代黄公望更是住在富春山中，才有如此精彩的杰作。但是清明时期，文人画家与过去不同了，他们大多生活于市朝之中，少有古人那般对山水的了解。明清时期古人对前人艺术成就的研究却是多于对自然山水的感悟。这时的文人甚至盛行对古代绘画的临摹和仿制艺术。这种后制现象对于艺术层面的研究和理解以及对于艺术技巧的发展和提高都有很大的帮助，但是却是忽略了最为本源的自然。这也难怪，在一个宋元这样鼎盛的时期之后，文人画家面对难以超越的前人，"后制"现象的发展也是无可奈何的现象。虽然到明清时期，绘画技巧已经发展得十分成熟，山水画也十分普及鼎盛，但画家笔下的成就却要逊色一些了。

不过与绘画艺术相反，园林在明清之时却达到了成就的高峰。文人将热情从自然山水中转移到了山水园林之中。城市山林成了他们的自然与社会结合的追求。虽然明清传统园林是源自自然山水，但毕竟与早期文人最为喜爱的自然山水不同。不论明清时期的皇家园林或私家园林，都是古人将自然之景抽象提取出来，应用各种园林手法来弥补在狭小空间之中无法产生自然空间的不足。这些手法和其中表达的思想成为了我们尝试去模仿和学习的范本。

很显然明清的园林艺术成就无可否认，但如果从东方传统的自然观和其他对园林产生直接影响的艺术成就看，传统思想最大的追求并不是在自家后院的园林之中，而是大山大水的自然。现代设计师如清明时期的画家一样，模仿古之技艺的成分要比对自己对自然的感悟多得多，这样的结果当然也将和清明画家一样，无法超越前辈。许多经典园林的意向成了现代人借的典故，单纯的模仿往往忽略了文化的厚度。

古人造园讲究"师法自然"，同时又要"源于自然又高于自然"。这里产生疑问，在传统园林中，应用多种艺术手法，可以产生高于自然的艺术效果，但如果在大山大水的自然本身之中，如何高于自然？

首先不管是过去还是现在，大山大水自然也可以是园。如今的湿地公园、森林公园、国家公园等等就是典型的大型自然山水园。在过去，人们在自然山水之中游赏，自然山水就形成了园林场所。具体比如王羲之《兰亭集序》中描绘的场景也是将自然场所转化为园林场所的意向：

群贤毕至，少长咸集。此地有崇山峻岭，茂林修竹；又有清流激湍，映带左右，引以为流觞曲水，列坐其次。虽无丝竹管弦之盛，一觞一咏，亦足以畅叙幽情。

其次，有园就必定需"结"。《园冶》称造园为结园，阐明了其实质是在人为联结和组织场地中多种因子的关系。大山大水也需要理，但未必就是如自家小园一般以园主之意行事。对于设计而言，并不是要设计的多少，而是要设计的合适。有时候甚至对一地完全不加以扰动，也不代表没有设计。造园的本质是在结而不是造或者改。人参与自然之中，并且与自然相宜，那么就达到了高于自然的效果。

传统的东方自然观要求将人与自然作为一体考虑。既然为园，就必定应有人与自然的共同参与。结园最重要的地方应该是考虑如何将人与自然联系起来，让人以何种方式去接触自然和回归自然。事实上古人在山水之中题诗的做法给了现代人很好的启示。但至于现在人流量极大的"自然大园"，我们恐怕还要思考更好的方式在同等位置考虑人与自然的关系。

五

原来并没有增加这一篇的打算，但是考虑到写到这里出现了一个大问题等着我回答。为了延续我自己对于主流充满批判的"可爱又迷人的反派角色"设定，接下来我会"诚心诚意"的详细阐述这个潜在问题——东、西方自然观哪个更好？

我们仅仅以中国传统自然观的发展为例。类似萨满信仰的模式将宇宙看成一个有机的整体，人与文明是在其中自然而然变化而来。例如远古社会中华大地上的人类祭祀的是自然之神（类似雨神、河神、山神等等）。春秋战国时期这一脉传承的自然观体系得到了极大发扬，产生了一生二、二生三、三生万物的道家。中国人将这种有机的自然和其变化称为道，认为它是世界的基础。我们所熟知的各路中国神明，其实是来自道在各个方面的具象人格。即使有来自其他文化的信仰涌入，也没有对中国原有的传统自然观体系造成冲击。只要没有根本性影响，东方自然观就有能力将这些文化融合，这也是中华大地上一直发生的文明进程。

中华人民进行的艺术探索从某个角度来说其实是在人与自然的关系上不断深入的结果。我们从远古时期祭祀用品中"虎食人头纹"等祭祀用品的形象可以窥探出早期人与自然的统一关系。后来，中国绘画作品中层曾一度大量出现人物画，但从来没有像西方肖像画那样的作品。在人物画中，画者必定是在表现生活场景或者人与自然的状态（以唐代绘画为代表）。在以李昭道《明皇幸蜀图》为起点，中华大地上逐渐发展出了以自然山水为核心的绘画艺术。前文对此也有论述，这里简单概括：从李昭道（唐），至范宽、郭熙（北宋），再至夏圭、马远（南宋），山水画的意境越来越高，从自然山水中体现人的思想情感与自然理想。这样的表达方式愈发高深奥妙，甚至于夏圭、马远只需要用画面的一个角落作画就能达到意想不到的效果。这是当时以西方自然观出发的审美难以理解的。到了元代，这样人与自然关系的艺术化探索达到了最高峰，以黄公望的《富春山居图》为例，传统画师认为其已经达到了不可超越的高度。如前文所述，这是古人身在自然中不断探索的结果。可以认为宋、元是东方自然观发展的最高峰。而后中国人开始逐渐脱离自然。南宋的国都距离西湖不过几里地，贵族们甚至觉得"相去甚远"，宁愿在自己的后院中模仿灵隐的飞来峰也不愿意去西湖及飞来峰一观。此时起，自然观的断裂性已经萌芽。我们可以从明清文人的身上找到更直接的证据。相比在自然中生存创造，明清文人更喜爱仿制前人作品。这时的中国人开始脱离本质自然观，转而研究艺术技巧造诣。但因为向往自然，这时却是城市和园林技术发展最好的时代。

我们可以从自然观发展层面得出一个简单的结论：在东方自然观发展的道路上，中国的最高成就在绘画等其他艺术上。明清园林发展是在自然观发展的高峰之后，甚至是下坡路途中。其手法实际上是将之前绘画等多种专业的成就及技术结合而产生的，它在一定程度上只是一个技术成熟的表达。这个结论可能有点危言耸听：从自然观与艺术结合的角度看，明清园林并不是最高峰。那最高峰在哪里？恐怕以五岳为代表的名山大川才是。

东方传统自然观最倾向的第一自然与人的和谐统一，但明清园林很显然只是模仿第一自然的结果。古人真正喜爱的仍是第一自然，这点我们在绘画中能明显得出结论。古代造园家自然也知道这点。我们的老朋友郑元勋在为《园冶》题词中有如下说法：

予与无否交最久，常以剩水残山，不足穷其底蕴，妄欲罗十岳为一区，驱五丁为众役，悉致琪华瑶草、古木仙禽，供其点缀，使大地焕然改观，是一快事，恨无此大主人耳！

"罗十岳为一区，驱五丁为众役"，这是郑元勋希望计成能在更大的尺度进行造园活动，而不单单是在城中一角整理一些"剩水残山"。这里我们可以看出，一直被我们推崇之至的明清园林，其实只是在传统自然观中的"剩水残山"而已。古代画师可以将大山大水以笔墨画出，因作画是个人的事。但造园家却是缺少拥有大山大水且胸有丘壑的"大主人"，以致造园工作难以在这样大尺度的空间中开展。这是园林未能延续传统绘画艺术高峰的重要原因。自明清以后，人们开始回归艺术技巧和社会理想。对于传统自然观的发展，在这里走了下坡路。

转而看西方发展。西方在长期以来不断磨炼"脱离自然的文明"的艺术造诣，从哲学到绘画、雕塑、建筑，都在不断的强调人的重要性。透视法、油画材料、雕塑艺术、建筑材料、建筑形式等，无不达到了登峰造极的程度。但另一方面我们能明显看出其专注于脱离野蛮自然的一面。例如我们很少看到只有一棵树或者一朵花的雕塑；在中世纪及之前的历史里，大量出现以人物为主的绘画作品；建筑形式以规则式的方形和圆形为主。

之后我们又看到了世界发展过程中自然观的混合。西方自然观发展到了需要寻求突破的瓶颈阶段，正好此时，接触到的东方文化也对其文化产生一定影响。他们发现其实自然也可以是个好东西，似乎不用完全将之抛弃。于是，基于原有断裂性的自然观再加上想要回归自然的目的，产生了后来一系列的艺术形式。绘画中出现了风景画等；英国首先出现了自然风景园；建筑也逐渐开始探讨和自然的关系。但我们还是可以从中看出和东方传统自然观相悖的现象：

1. 对于自然的偏好不同。相对自然而言，西方人最为喜爱的是农场和牧场这样大面积的第二自然景观，很显然东方自然观下的自然理想是第一自然（当然不排斥第二自然，东、西重点略有不同）。第二自然景观引入城市是现代公园的基础思想，但这和东方传统自然观是存在略微差异的。东方人并没有实践出自然和城市完美融合的形式（事实上一些研究正在探索中国古代城市与自然形成的独特系统，但并没有成体系的实践或者达成广泛的共识）。在东方文化下，最为和谐的表现是传统风景名胜区的形式，而不是城市公园。

2. 对于第一自然的审美认知不同。即使是借景，西方人更愿意在自然中看到远方城市的天际线，而不是在城市中看到自然的远山。这大概是在他们传统的自然观审美中没有类似东方山水结合的审美认知。

3. 由自然观演变出的艺术手法不同。西方文明将自然与人工共置于一个空间内形成并置的对比，这样的做法产生的反差形成了艺术效果。但在东方思维里，这样的做法是格格不入的。这是西方"并置"与东方"融合"的差别。

这些东、西差异即使在文化融合的今天也是长期存在并且难以抹去的。我们甚至可以这些为标准来判断现代的设计是否"很东方"或者"很西方"。但不得不承认的是，西方通过不断磨练的技术造诣以及对于不同文化的研究及城市实践，其自然观的发展和实践早已远远超过的东方了。西方出现了公园这样与城市隔绝又联系的体系，落后的东方很显然只是一直在模仿而已。

这里不得不提，日本是东方的一个特例。过去几十年，日本的园林一直在西方世界得到广泛认可。即使许多中国设计师抱着学习的心态去了日本之后，并不觉得强过中国传统园林（我猜测是因为中国设计师带着中国传统自然观的眼光去看日本园林），但事实是过去西方人更愿意接受日式的东方。我们从东西自然观的角度可以得出简单的分析。日本园林与中国园林最大的不同在于两个层面连续性：一个是园林景观的连续性（日本），一个是人与自然的连续性（中国）。

中国传统园林讲究的是画论所倡导的"行、望、居、游"，其中最高标准为"居、游"。不过如郭熙所说，达到居游标准的不过十之二三。于是中国文人想

日本园林中的望

无邻庵一角

要将最好的一切都纳入自家园中，只能采取片段的形式。我们可以将传统园林理解为不同的片段，不同的片段承载了不同的意义与功能。中国园林由许多片段组成，观景建筑也是多以分散式的布局点缀在园中以配合这些片段。可以看出，中国传统园林的景是不连续的片段，为了达到人与自然连续的关系，所以建筑布局也是分散式的。人可以随时从人工的建筑进入自然的园中，这是人与自然紧密的联系。

日本园林在这两个关系中是相反的。相比居游，日本更讲究望的体验，这大概与其特有文化有关。从望的过程中，日式哲学可以达到精神与自然的统一。故相比中国断裂的片段，许多日本园景形成了连续完整的自然景观以便于"望"。由于日本建筑有其传统特点——地板（日语称床）的拼接是连续的。如此一来，建筑容易形成了一个较为大体量的单体。在园林精致到几乎不能进入的程度时，日本人可以在建筑中观赏园林而不是进入。这导致身体与自然的关系是断裂的、不连续的。

个人认为，日本这种建筑与自然相隔的关系表达了类似西方自然观中人与自然断裂性的关系，虽然精神上是东方的融合思想，但在身体关系上，符合了西方自然观的审美要求，是西方世界较为容易接受的东方景观。仅仅从这个小方面来说，日本园林是东方的西式园林。

日本的例子只是帮助我们更好理解二者的区别以及可能的融合方式。即使有这样的例子，我们说东、西自然观的优劣也是无从判定的，至少现在是如此。但当前实践成果的优劣却是显而易见的。当代东方想要以传统文化的方式重新打造类似三山五岳的区域已经是难于上青天的事了，而传统思想将自然与城市结合的方法，却并没有得到广泛的研究和发展。与此同时西方的公园体系已经遍布全世界。

勉强乐观地说，对于现代以西方传入的大型公园为主要潮流的公园建设，我们仍然是在一个探索阶段。但在我们传统文化中对这样的环境已经有了基本的思想答案。并且我相信，随着大型自然公园（湿地公园、森林公园、国家公园等）等以第一自然和类第一自然为主要景观的公园兴起，它们很有可能成为传承传统园林文化的最重要阵地。

现代转译

现在铁路两条轨道之间的标准距离是1.435米（4英尺8.5英寸）。不知道大家对这个数字会不会有疑惑，为什么会这么奇怪？这是因为早期的铁路是由设计电车的人设计的，这个距离正是电车所用的轮距标准。而最早的电车，则是由造马车的人设计的，所以电车与马车的轮距又是一样的。那马车为什么要用这个标准呢？因为几乎整个欧洲长途道路的辙迹宽度就是4英尺8.5英寸，如果不用这个标准，马车的轮子就很容易损坏。那么为什么整个欧洲的长途道路是这个标准呢？这是由于古罗马人发现两匹马屁股的距离就是这个宽度，于是他们根据这个宽度制造战车，并且为他们的军队铺设了道路。故事并没有结束，美国航天飞机使用的推进器需要用火车运送，于是火箭推进器的宽度也是由两匹马的屁股宽度决定的。没想到马的屁股居然决定了火箭推进器的宽度。

以上是一个广为流传的关于路径依赖的例子。路径依赖被许多学者用以解释经济制度和历史选择问题。这个理论阐释了一个看似简单却又不可思议的现象：只要人们一旦做出选择，那么不论是好是坏，人们都有可能对这种路径产生依赖。就像一条不归路，这个力量会使选择不断自我强化。

这就是我们为什么要研究传统的原因。因为这些文明、习俗、文化以及背后的语汇，都是不知不觉中深深刻在我们脑海里挥之不去、无法逃避的"路径"。我们有必要尽量理性的认识这些内容，在这个文化大爆发的时代，以取精去糟的态度丰富和强化"路径"。

也许有人认为之前的文章里将东西方的自然观差异描绘得过于夸张。就连西方城市广场上的鸽子都能成为对东方传统自然观断裂性的有力批判。不过我认为两种不同的自然观在历史的发展进程中不断接触，相互影响，都在各自的系统内产生了新的变化。不论是建筑界以原始棚屋的形式对建筑原真进行探讨，还是英国18世纪发展起来的自然风景园，我们都能看出西方打破自己自然观束缚的努力。但历史的变化太过复杂，我们不如先抓住最早的源头。路径依赖理论在这里提出，很大一部分原因是为了阐释我们研究传统和源头的必要性。

回到我们园林中，现在园林自然要讨论他们的传承。近代几乎所有的主流文明都产生了与之相对应的新古典主义。法国是世界园林新古典主义的先驱，他们在承接自身文化和历史的艺术上取得的成就成为世界其他民族的模板。最为典型的案例就是法国雪铁龙公园中融合了现代简约的风格以及法国凡尔赛中传统设计手法而产生的空间。雪铁龙公园中的轴线上，下倾的大草坪衔接后面的塞纳河，将人的视线一直引导到公园外部。这与凡尔赛中轴线里下倾的空间对上后面大运河的壮阔手法如出一辙。

在东方世界中，近年来出现了不少好例子。在传统语汇一篇中所提及的苏博与矿坑花园是不错的案例。但这里想要介绍的是另一位大师——日本设计师三谷彻（Toru Mitani）先生。在三谷先生早年的作品中，若要说其带有东方传统自然观的影子，恐怕他本人也不一定会赞同。他在一次讲座中也提到，他确实没有刻意而为之。但是这种东方气息还是在不经意间透露出来。

与建筑师槙文彦（Fumihiko Maki）合作的风之丘火葬场是三谷彻早期最为有名的作品之一。设计师在一个不大的场地里，下挖了一个坡度很小的碗状地形。在地形中只种植少量的乔木，并且以汀步等强化出碗型地形的曲度。另外，在下沉地形的后面，堆高的地形将火葬场的建筑逐渐消隐在山与植被的自

法国雪铁龙公园

占地45公顷，位于巴黎西南角，濒临塞纳河。是利用雪铁龙汽车制造厂旧址建造的大型城市公园。

三谷彻

日本景观设计大师，哈佛大学硕士，东京大学工学博士。日本千叶大学园艺学研究科教授。作者最喜欢的设计师之一。

槙文彦

日本现代主义建筑大师，新陈代谢派创始人之一，1993年获建筑学最高荣誉普利兹克奖。

风之丘火葬场

由槙文彦设计建筑，三谷彻设计景观的设计作品。

风之丘火葬场椭圆形碗型地形结构

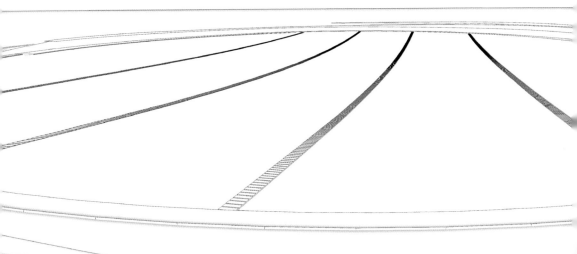

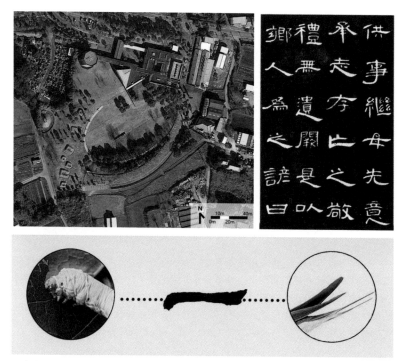

左上 风之丘火葬场平面　**右上** 东汉曹全碑隶书　**下** 隶书横线条的蚕头燕尾

然之中。随着游客的视线被微微倾斜的地平线逐渐引导，感受跨过建筑与道路，直达外部的自然。在这个似乎只剩下天和地的空间中静静坐下来，似乎逐渐能体会到一种"独与天地精神往来"的情绪氛围。这种空间感受与人死后回归自然归宿的观念不谋而合。这里没有醒目的石碑或者需要我们思考和默哀的标志物，也没有如法国园林里的大轴线对于视线的引导，只有人与自然的体验。这是因为整个空间一直是在利用水平性的变化来塑造地平线，结合空旷的草坪形成与自然和平的融合空间。"水平性"和"空"是设计中的两个关键词。

这种手法看似近代发展起来的大地艺术，但实质上与传统有关。众所周知，日本与中国自古以来的文化就十分相似，同属于东方文明的代表。日本对于水墨画、书法也和中国一样有着强烈的喜好。早期的日本贵族也常常以拥有一件中国名人的字画而自豪。这两个文明具有相似的连续性自然观，相似的文化发展也引出了极为相似的艺术形式。同样是强调水平性，中国和日本都能找到许多相似的例子，譬如中国传统书法中的隶书。一般认为隶书起源于秦朝，是象形文字向笔画文字转变的开始，是我们现代文字字体的"祖宗"。隶书是一种庄重的字体，是掌管文书的官吏用以记录事件的文字。其最早写于竹简之上。隶书的特点是横长竖短，古人在文字中也在强调水平方向的线条。虽然这很可能与书写材料有关，但后来横向线条的变化越来越丰富起来，简简单单的一条横线，又讲究"蚕头燕尾""一波三折"。这些讲究让一条普通的横线富于美感，也为后来多样的字体奠定了基础和要求。

自东方人发现横线条的美感后，这种热爱，不可能只体现在书法上。中国的传统建筑也具有极强的横线条。一般而言，传统建筑布局方式都是沿横向铺展开，建筑屋顶如隶书一般讲究横向的变化。在后来建筑的发展中，慢慢出现了飞檐等屋檐的变化，为屋顶的横线条增加了灵动性。日本传统建筑源自中国，自然也有类似强调横向的特点。有学者认为，这些横向线条是古人的自然观中对于地平线的美学理解。横向的线条是最贴近大地和自然的线条，又基于向往自然的天人合一思维，这种线条得到了不断的强化。在这里我们又不可避免地要拿出与东方文明不同的例子来帮助我们讨论。相比东方文明，西方文明更喜欢垂直方向的线条。大概是垂直方向的线条有直升上天、脱离地面的形态感受。西方的传统教堂基本上都有一种将十字架顶上天的气魄，这与东方的形式是截然不同的。

回到三谷彻的作品中，这位日本设计师虽然一直在西方学习设计，却也没有摆脱东方传统的影响，并且因此创造出许多带有东方气息的现代作品，这是十分难得的。不仅仅是风之丘火葬场这个项目，在三谷彻早期的一些作品中都有类似的手法。这些作品中有许多以建筑为主体的场地，三谷先生为了使建筑和外部环境融为一体，在建筑外部空间都使用了微微倾斜的草坪。同时用类似于戏剧中停顿的手法，以草坪的空旷与周边空间的繁杂产生对比，对植物和人工痕迹密布的空间连续性造成"停顿"；又以倾斜的地形将人的视线引导向自然，并减少大型建筑体量对环境空间的冲击，达到与自然融合的目的。这多种做法处理地平线的目的无一不是为了与自然发生关系，与传统书法和建筑中的内在语汇如出一辙。虽然其中"停顿"的手法源自日本传统园林，有着与中国传统手法不太相同且略带"极致表现"的气质，但很显然，这很"东方"。

说起地平线，这里就不得不冒着打自己嘴巴子的风险介绍一位设计师。之所以冒险是因为我接下来介绍的设计师并不是喜欢地平线的东方人。但他作品中有着强烈的融合感和统一感，不得不说断裂性的自然观似乎对他不起作用，这好像和我们所提的中西差异相悖。他就是法国的米歇尔·高哈汝（Michel Corajoud）。高哈汝是一个十分热爱自然的设计师，地平线的概念贯穿了他的设计生涯，并且由此产出了许多大规模的绿地杰作。

米歇尔·高哈汝
（1937-2014）

法国景观大师，法国当代风景园林的开创者之一。凡尔赛国立高等风景园林学院教授。

图为法国巴黎圣母院（法国巴黎大教堂）。巴黎
圣母院大教堂位于法国巴黎市中心，是天主教巴
黎总教区的主教座堂。教堂造于 1163 年到 1250
年间，正面双塔高约 69 米，后塔尖约 90 米，是
法国著名的古典时代建筑。
在欧洲随处可见竖向性的教堂。它们不仅在内部
形成通顶的高度，也在外部营造通天的感受。即
使是在现代化大厦高耸的今天，在城市角落中辨
识出远处的教堂也是一件容易的事。

（法国时间 2019 年 4 月 15 日晚教堂屋顶包括尖
顶塔烧毁）

上 中国传统建筑 下 日本传统建筑

日尔兰德公园与远方城市

高哈汝强调的地平线是关心景观要素之间的联系。他将这种联系看成一种"联盟",不论是人工的还是自然的。他认为地平线的不断连续将各种不同的景观融入一个共同的空间之中。因此高哈汝的作品往往让人在绿地中无法感到边界。在世界文化相互交流和各种文化发展迅速的近代,这样的思想在西方产生实际上也并不稀奇。我不能断言他思想的产生是否与东方文化思维有关。分析其原因,更有可能的是由于高哈汝处理的场地尺度都十分巨大,与自然隔绝的断裂性做法显然难以实施;其次现代园林产生的早期实践中,奥姆斯特德(Frederick Law Olmsted)等元老级设计师倡导的"将乡村牧场景观带入城市"等理念或许才最符合地平线概念的产生历史;另外,在法国古典园林中也有着以地平线引导视线借景的手法。但不论如何,他的作品这种连续性的做法最起码和西方传统的自然观产生了一些分歧,这也恰恰是使得他的作品成为不朽经典的原因之一。高哈汝通过对场地的不断熟悉,致力于梳理场地中各种要素之间的关系。同时,相比其他的设计师,他更加关心场地外面的环境,这是由于地平线延伸的理念所衍生出来的思路。他的地平线希望将一切景观都融入在其中,成为一个统一和谐的整体,不论是人类的"文明"还是自然的"野蛮"都能在此相安无事。这种思想像极了东方的传统自然观。

在高哈汝的作品中可以清晰地发现自然沿着地平线延伸进城市之中。虽然地平线的延伸直触东方情怀,但却能明显看出其中的差异。与前文总结的东西差异一样,不过因为涉及作品,所以差异更为具体了。

1. 艺术手法不同。西方设计师不论多大的场地都偏爱几何式的形式。当然这没有什么不好,东西文明手法问题是积累了千年的历史产生的差异。与过去设计使用规则的方式不同,高哈汝在接受采访时说道,他在使用这些规则式图

奥姆斯特德

美国风景园林学的奠基人;纽约中央公园设计阶段的主要负责人。

形时已经不将其视为文明与自然区别的要素，而是作为使人更容易抓住问题基本矛盾和确定基本准则的方法。路径依赖理论可能可用以解释这里依然使用规则图形的原因。虽然都是规则式设计，在更深的层面上，几何手法已经与过去不同了，或者说其已经不是单纯的"景场"了。

2. 对于不同自然的偏爱。不论是高哈汝还是其他西方设计师，相对东方人热爱的第一自然而言，他们似乎更加偏爱以农田和牧场为主的第二自然。我们可以在许多西方公园中看出即使是自然也要突出一些人工自然的痕迹。例如空旷并且修剪整齐的大草坪以及远方具有强烈植物层次的植被。事实上在第一自然中这样的景观并不多见。相反，在第一自然中即使这些要素存在类似设计过的痕迹，对于西方人来说，也可能会显得有些杂乱。

3. 对自然认知的差异更加具体。高哈汝认为在人与场地产生联系的过程中，场地一直位于被动的状态。人们将自己的主观臆想与场所结合，使场所产生了与周边环境不协调的景观。这点恐怕是与东方文明最大的差别。在东方思

高哈汝规划设计的苏塞公园

想中，人是自然的一部分，人的产生必然对自然产生影响。这不仅仅是人，其他所有的生物都一样也会对自然产生影响。我们能否说一个鸟窝与树杈不协调呢？如果以极端的思维来说，这当然是可以的！因为鸟硬生生造出了植物难以自然生长出的形态结构。这种说法是基于偏执的审美。一般人不会认为鸟窝与树杈是不协调的，但是却有很多人认为人与自然是难以协调的，这是典型的断裂性思维。东方思维认为自然博大的包容性必然要求人类的文明融入其中，譬如之前石上题诗的例子。人将自己的臆想投射到自然之中，为自然赋予新的内在含义，这是东方人常常做的事。甚至对于自然没有实质的做法，只是为景色起一个优雅而诗意的名字，这也形成了古人热爱的"园林场所"。这样的做法现在大多数设计师可能都很难想象，不过可以说这就是古代的设计，并且恐怕还是古代设计本底逻辑的精髓。没人规定设计一定要对外物有所处置。这种自然很难界定是第几自然了，但也没有必要非给个定义的帽子。

仔细分析完中西地平线的差异，其实引用高哈汝也并不冒险了。地平线的处理只是一种手法和方向而已，由其中内在表现出的形式并不是唯一的。三谷彻的地平线以大地景观的艺术手法展示人与自然的融合，他的方式可能受大地景观的影响，结果也许带有日本文化的气质。高哈汝的地平线展示了自然与城市的结合以及自然中不同元素之间的融合，他的手法则源自西方传统文化以及法国古典园林艺术。相同的理念可能衍生出多种不同的手法和艺术形式，不同的文化背景也可能得出类似的结果，丰富园林艺术和营造良好的人居环境的方式还需要我们不断去归纳和探索。

结合之前关于自然观的讨论来看现下的中式园林设计，发现目前许多设计（包括一些现代的古典园林及园博会展园等），实际上做了一个类似"土特产"的东西。现代许多设计师及决策方对于古典园林的理解是片面的，曲径加曲水配上古建就是古典园林了。单单拿这一点来谈，为什么水一定是不规则的？因为自然的才是中式的吗？实际上，这样的论断是很可笑的。有识的古人也对无意义的"周回曲折"深恶痛绝。我们将设计思维限制在了明清的园林中。"半亩方塘一鉴开，天光云影共徘徊"难道不是中式的意向吗？这里的水可是方形的！在宋代园林的遗址及宋画中，我们可以发现方形的水池还是被大量应用的。我猜测这一现象大概是在园林被作为一项表达主人心志的方式之后，逐步回归到传统自然观体系里，才逐渐消失的。

我们不妨将视线越过传统院子里的景观，看看古人在更大尺度及各个专业里的智慧，这可能会对于改善"土特产"有新的帮助。

山水城市

城市已经成为当代中国社会高度依赖的"生态环境"。这是人类以技术和组织创造的生态系统。既然是一个系统，就应该有这个系统所适应的运作模式，我们当然不能单纯拿自然的生态系统来套用。但国人对这样系统的理解还过于肤浅。我们像装大人的孩童一样对这样的世界指指点点，都希望从自己的角度解决这个系统中的种种问题。我也许就是其中一个孩童，但也应该发表发表意见。我始终认为简单、机械但高速的城市进程会令城市沦为社会废墟。我们能寻找到的方法不应该只在自然或者只在人类独立的思想之中，人类对于自然千万年的探索所形成的自然观看起来似乎更加靠谱一些。

1990年7月31日，我国著名科学家钱学森院士在给清华大学吴良镛教授的一封信中写到"……能不能把中国的山水诗词、中国古典园林建筑和中国山水国画结合一起，创造'山水城市'的概念。"

而后钱学森先生又提出了"山水城市"进一步的构想。山水城市是将中国传统的自然观同城市规划有机结合，是以山水诗词、古典园林及建筑、山水国画中蕴含的语汇为基础指导思想的城市理论。

吴良镛先生把"山水城市"推而广之，理解为"山水"泛指自然，"城市"泛指人工环境。吴良镛先生提出的人居环境科学，倡导人与自然统一的模式应该作为山水城市的基础思想。我们之前从考古和园林角度讨论的传统自然观与山水城市的理念不谋而合。这也正是钱学森先生提倡中国传统和城市规划结合的概念基础以及吴良镛先生将园林、城市规划和建筑统一起来作为人居环境科学的基础之一。

那么根据这些概念和传统的自然观基础，"山水城市"必然有几个特点：

1. 具有较普遍、高质、独特的绿色斑块。从自然的角度出发，在城市中会有多层次、高密度的绿地分布。并且绿地的环境维护水平较高，从各个地区的条件出发，具有较强的地域性生态效益。

2. 具有传统中国的文化特色。不论是人工区域还是绿地范围，其中都将应用传统语汇。

3. 具有高度融合性和包容性。这是最重要的一点。城市与自然必定以和谐的方式统一在一个不与外界隔绝的大空间之中，不仅在外表上，二者的运作机制应该是相互配合而不是独立运行。并且由于和谐的运行模式，对于外部进入的自然和文化产物应该具有类似自然的博大包容度。

面对如今千城一面、城市缺乏情感、城市生态问题等问题，山水城市的概念从人和自然两个方面统一的角度出发，从理论上来说，可能是解决中国城市问题最佳的方式。

在中国广袤的大地上，从南到北，从西到东的景观各不相同。不论经济、政治、文化，每个城市建立的基础也各不相同。每个城市都有其对应的区域唯一性和景观唯一性。按照传统的自然观，将自然与城市统一起来看待和发展，应该是难以出现千城一面的现象。

很可惜的是，虽然"山水城市"或许从理念方向上解决了属于中国城市发展的文化和自然问题，但是实践并不那么容易。不仅是在城市尺度下，即使是在学术领域中，由于城市问题和情况的复杂，也难以提出完整的富于实践性的标准和原则。山水城市的概念目前并不系统全面。在实际规划设计中，山水城市难以成为一个主导思想来指导城市规划设计。在现在规划和设计发展的过程中，最为火爆的潮流却是以海绵城市为代表的生态城市理论。

如果这里不提海绵城市，就如同当今时代的设计文本中没有生态部分一样，似乎"莫名其妙"的少了一块拼图。这本来就是个莫名其妙的现象，但限于框架我们又不得不莫名其妙的谈一谈。海绵城市主要是在城市与水的关系方面讨论城市问题。雨洪管理对于当前城市来说确实是一个需要解决或者完善的问题。从目前城市防灾和城市用水等角度看，这似乎是一个大问题。但是如果站在"山水城市"这样大角度看，水与城市的问题不是应该成为的问题，抑或是一个小问题。因为水与城市的问题实质上是自然与人类问题中的一个小部分。自然中有水、有植被、有空气等元素，海绵城市希望是从水的角度出发，解决基础的城市雨洪问题之后，继而解决植被问题和空气问题等等。从这个方面出发，海绵城市的方向性较为明确。但自然界除了这些基础元素之外，更为重要的是这些基础元素运作起来的系统机制——生态系统。自然形成的生态运作机制具有最为完备的自我调节能力，使得各个元素在其中极为和谐的运作。人类社会也有属于自己的运作模式和调节方式，或许相对于自然而言人类社会的运作模式要相对简单，但自人类产生以来，这种模式也在不断地完善。城市已经形成了一个自我完善的"生态系统"，人类的物质元素和精神元素都在其中不断的运作。人类一直试图去使得这样的结构更加高效，但与乡村不同，由于城市组织系统的独立性太强，与自然冲突的矛盾也日益尖锐起来。牵一发而动全身，要单单瞄准雨洪问题的海绵城市解决如此纷繁的矛盾，是有点可疑的。

山水城市思维被人逐渐遗忘的一个重要原因是其谈论的内容太过宽泛又或者如山水诗词这样虚无缥缈。其实不然，在山水城市的基本特点下，可以得出一些基本的城市规划方法。我们不妨也以研究最多的"水"为例。北京林业大学的王向荣老师所做的工作，我个人认为具备了山水城市的雏形特点。他认为中国古代的城市规模不大，但建设者的视野很大。城外的山（汇水）与湖泊，与城市内部的水系及绿地形成了一个完整的系统。这个系统从自然直接延伸进城市中，同时古代的地方官以传统的审美完善了这整个系统的景观。这不就是与自然融合的城市与文明吗？这样的系统是值得我们研究的。我们现在城市的问题，有很大一部分是由于在发展过程中破坏了原有的城市与自然的关系而产生的，例如将山体炸毁、填湖造田等，这阻断了从山体到城市内部的水体及绿地的联系。可惜我们现在常常换了别的思维方式来修复这样的系统。片面的方式难以达到解决问题的目的。

人与自然两者的结合方式是山水城市所重点考虑的内容。除了在水的方面，山水城市会将更多的重点放在文化、经济、自然结合等方面。如此看来，海绵城市可能可以属于山水城市实践中在功能上的一个层面。如果在其他更大的层面达到了人与自然和谐结合的程度，水的问题也应该更加容易解决。在很多城市中，水或许是达到这个目的的"线头"，但绝不是适于所有城市。很可惜，过去城市建设时并没有全盘考虑人与自然的关系，所以本来不该成为问题的成了问题，而应该解决的部分却被慢慢忽略了。对于预防灾害，城市采取措施必不可少，可我们也要认识到，并不是所有灾难都能避免，一时的受灾也并不代表我们的建设失败了。

现代人类一直标榜着要保护自然、保护地球。但是，我们从自然发展的角度看，拉远视角，在几亿年前，当时要比现在环境"差"得多。那时候的地球温度和空气二氧化碳浓度都要比现在所谓恶化的环境可怕得多，但自然中的生物一样和谐的生存其中。那么反观我们现在所提倡的生态，我们以自然为主的生态其实并不是以自然为核心，不论我们认可不认可，其实质上都是"以人为本"的。最起码在我们生活的城市中（在没有或少量人类参与的自然中，不提倡"以人为本"），我们所提倡的一切都在以人类生存的角度出发考虑。适合人类使用的水，适合人类生存的空气，适合人类生存的温度等等。脱离社会性的生态是没有意义的。

现代对于环境资源价值评估体系的指导思想分为两类，一类为非人类价值，即自然资源脱离人存在的内在价值；另一类为人类价值，顾名思义即为以满足人类认可的价值为核心判断的环境资源价值，如CVM评价体系及TCM评价体系。后者是我们对于环境资源评价最为权威的体系。举例简而言之，我们在恢复自然资源时，往往能听到创造了多少经济价值，一些官员恨不得将这部分经济价值划分到GDP当中去。在自然遭受了灾害之后，相关部门又会给出数据表示灾害造成了多少经济价值的损失。自然资源本身与人民币或者美元没有什么必然联系，那么是什么让我们得出损失了多少钞票的结论呢？其实就是应用这个评价体系的结果。

作为人类而言，这当然是没有问题的，不过如果计算者是松鼠，可能计算的就是损失了多少松果而已了。我们现在若是只提自然，那么则需要抛弃人类的主观需求，重新深入思考这个最基本的问题。这关系到自然资源保护和利用的实践者以什么样的方式去认识自然。也关系到我们保护自然以及城市与自然结合的具体方式。如前文所说，这是价值理性与工具理性的相关问题。我并不是在指责以人为本的自然观不好，毕竟我是一个人类，但我们应准确而诚实的认识这点，直面一个物种的"自私"，从而避免不必要的"场地屠杀"。

虽然海绵城市与山水城市都似乎是以人为本的态度在寻找一种人与自然结合的模式，但在这方面两者的侧重点应该是不同的。海绵城市关心人与自然在功能上的结合。在这功能结合中，许多做法迷失了以人为本的价值取向，不断强调自然的作用，这恐怕会导致脱离社会的生态，从而在城市中无法长久的生存。从理论上看，山水城市更加关心功能及文明上与自然的结合，一旦与文明相关，在认识上就有了人的因素，则更准确的定位了城市中的自然。

这里我们有必要列举一些类似山水城市概念的项目，或许设计师当时并没有考虑到山水城市，这点我并不了解，但我个人认为这些项目从一些层面中体现出山水城市的基本理念。

第一个最为典型的城市理所应当是杭州。杭州至今依然是国人眼中的天堂。和杭州这样类型的城市不见得少，但是何原因让杭州如此突出呢？其中的核心原因便是西湖。以今天的观点看，西湖是一个类似山水城市构建的风景园林规划。西湖根本的定位是水利工程。但在解决这个水利功能的同时，也一并解决农田灌溉、城市安全、产业调整、交通组织，同时其中也有许多花园一般的绿地植入其中。这个规划不是一个设计师完成的，而是从古到今无数的前辈不懈努力才保持下来的。这些在西湖的措施使得西湖至今仍然是一个宜人的天堂，同时也保持了对城市的种种功能。当然以我们现在功能主义的眼光看，最早的措施并不是用来欣赏。但古人可不这么认为，古人的城市领导者基本是从科举中选拔出来，带有浓厚的文人气质，而景色美不美，是否可以欣赏自然是他们所考虑的重要功能的一部分。例如苏东坡在向皇帝谏言要建设西湖时，主要观点是"西湖犹如杭州的眼睛"。如果设计师现在和决策者说，这东西像个眼睛，然后就让人投钱，我猜想多半会被人赶出来。苏轼在建造苏堤时，也是有意将一桃一柳相间而种，遂为后来"苏堤春晓"的西湖美景打下基础。欣赏美和创造美是古代文人的习惯。可以认为西湖水利工程成为创造美的一个契机，并且这个创造美的举动也极大的激活了城市活力，带来了其他方面多赢的效益。相反，如果只是一味地考虑工程上的功能问题，恐怕今天的杭州要逊色得多。并且可能会由于城市的活力不足，在如此巨大的水利工程功能逐渐退化之后，会带来更多难以预测的问题。

第二个项目是济南。济南属于北方城市，传统印象中北方城市一直都是缺水的代表。事实上在济南这个城市中，有一片几十公顷的大水域，即夏雨荷熟知的大明湖。但是很遗憾的是2010年之前，在济南这个城市中，游人并不能感受到水的印象。这是因为那时的大明湖是一个公园中的湖，它周边的环境（特别是建筑环境）将整个湖面包裹在一个独立的空间之中。这意味着不进入公园中，市民是看不到大明湖的。另外，城市中还存在一条清澈的环城护城河，这也是可以带给人城市水印象的关键。但护城河绿地空间与城市公共空间之间没有完整的联系。甚至有些区域与人行尺度下的空间有十多米的高差。结果是这里的护城河只是一条与城市空间没有联系的水沟而已。水与市民的日常生活是断裂的，市民自然没有对水的印象。规划考虑从城市角度将大明湖和护城河作为一个整体的系统进行规划。规划清除了大明湖周边的部分建筑，将其与东侧另一个小湖连通，开拓了水面，将城市至水面的视线打通。这意味着在一些城市空间中，市民能够感受到水的印象。另外，对于护城河绿地系统进行梳理，将原有分隔开的滨河绿地系统进行串联，并且梳理绿地内部交通，形成可延续的亲水人行空间。这样水边的人行通路也具有较为便利的交通功能，解决了原有护城河边的绿地交通不通达而造成的鲜有人光顾的问题。如此一来，更多的市民可以到接近水的空间步行，从而强化了城市水印象。这个项目实际上占用的城市资源并不多，但它很实用的将北方城市中少有的水景带入到市民的生活之中，有效地将自然与人工结合起来，形成了独具一格的城市特色印象。原来的济南是一个虽功能上没有问题却略显枯燥的城市，但大明湖和护城河项目的实施营造出了别具一格的山水城市意向，打造出区别于其他北方城市的城市空间气质。

这样的案例看似巧妙且难以复制，实际上最重要的是取决于我们对于城市和自然的认识与态度。之所以说这些案例有类似山水城市的气质，是因为这些他们都不是单纯的美学问题，或者单纯的生态问题，抑或是单纯的功能问题。他们都是关系到人与自然以及人与社会之间的关系问题。他们背后的设计语汇之中，展示出了一种连续性的自然观。在物质大进步的年代，我们以人类自身利益为准，大肆破坏自然发展经济。之后，在过去的几十年里，由于发展面临的问题，山水城市理论和实践更多的是在强调自然层面保护与利用。如今我们应该有所觉醒，既然我们生存于人类文明与自然之中，我们应该思考"以人为本"的生态概念，从自然和人两个层面都应该加强思考深度。"自然中的人"才是我们对于自己的正确思维。将人类文明与自然进行融合而非并置地看待是在传统自然观下的城市建设原则。

随着各个文化的发展和交流，西方也出现了许多将自然和城市融合的思维和项目，甚至这些项目比东方还要成熟。但是山水城市的概念很大程度上是基于中国的传统文化且针对中国的城市而提出的，西方无法在他们文化的基础上创造出类似中国文化城市的标杆。所以在某些方面，我们终于没有一个标准的榜样了！山水城市作为中国人居环境的城市共同体，应该是最为合适中国的。我们应该努力挖掘我们自身的文化特性，找到自然和城市独特的契合点，以更加"民族化"的模式将我们的城市打造为宜人的城市天堂。

村口大树

外公还在世的时候，在村口有一亩田。那个时候已经是不缺吃喝的年代了，外公依然会用扁担挑着"自然肥"下地种些菜。种地是外公的爱好，外公还有一个爱极了的爱好——抽水烟。每次下地前，他总要先抽上一壶。那烟不是香烟，我原是不认得的，因为后来在别的地方没见过了。只看是个金色水壶一样的"大件"。外公拿一小撮烟叶塞进壶口里，用拇指使劲摁住，然后用火柴点了，先一下一下有节奏地喷出几口气，着了烟叶，慢慢就呼呼的抽起来。下地前，外公总要抽上一壶，似乎抽完挑扁担都有劲了。扁担挑的大概就是"自然肥"了。扁担有些沉，外公挺有技巧，走起来带着节奏的一颠一颠，大概这样能省力。小时候每次我看着外公的背影总觉得十分有趣，现在印象最深的也只是这个场景了。

田里种的什么菜，我也是不认得的，但我认得田边的那棵大树，那是棵大榕树。我猜想，外公在干完活后，肯定会在这棵树下抽一会儿烟，因为我想着就觉得很惬意。

这里的村口很显眼，就是因为有这棵树。榕树不知道在这里守了多少年了，小时候觉得这棵树大极了，我和三四个表哥表姐一起也不能把树抱一圈。夏天的时候，大树郁郁葱葱的照顾了将近一百平方米的一块地。它似乎从这个世界上独独划开了一片天地，使得那时候的夏天好像没有现在这么热。于是附近老人和孩子都很爱到那树下去。那可是真是一块好地。

我住在县里，偶尔回一次村里看望外公，表哥表姐总是围着我，带我玩这个带我玩那个，当然也包括这棵村口的大榕树。夏日午后，我们便"敏捷"地爬上树。当然除了我之外，大家都很敏捷。因为经常有人爬树，树下摆了几

村口大树

块石头变成台阶，时间久了，石头就和树长到了一起。这倒是方便了我。三四个孩子，每个人占了一枝树杈。我爬得慢点，表哥就让了一条大树杈给我。树杈很大，我们有时就在上面睡午觉。老人们有时会将家里的竹床搬到树下，摇着扇子眯着眼休息。我不认识老人，表哥表姐也不熟，有时候会遇到下地的外公，老人们都认识外公，总是笑眯眯地打个招呼。这不影响睡觉。树叶的影子中透着点点的光亮，斑驳地洒在我们身上和脸上。我们也不觉得耀眼，迷迷糊糊就能睡着了。有时候会起一阵风，树叶就从那边慢慢哗哗地响到这边，好像是树叶哄闹着把风拱过来了一样。现在想起来那时睡得很是惬意，即使有风声、树叶声、说话声、老人翻身竹床的咔咔声，树上倒是一点也不觉得吵。

这可是件奇怪的事！长大一些后，为了早起，我给自己定了闹钟。但是每天早上在睡梦中听到铃声，我总会心惊肉跳地蹦起来按掉。然后觉得心绪不宁，心跳加速，得过好一会才能缓过来。后来我猜想，也许是闹钟的声音太吵了，必须要想个办法！我找了首催眠曲，设定成了闹铃声，当时觉得自己真是个天才。万万没想到，最后我听到催眠曲都心惊肉跳了。催眠曲可比这树下的声音温柔多了，床也比这树干软多了。但每次醒来时，却是没有当时在树上的那种清新感受了。

越长大，离农村就越远，后来再也没有见过爬树的人了。城市里也有绿地，但是公园里的树是不能爬的，在公园里爬树肯定会被人赶下来，还有可能被人发到网上，标题一定是没素质。就算有些偏僻地方有大小合适的大树，不是在保护区里，也几乎也被人当文物一样保护起来了，哪里还会让人爬？想想现在的孩子没爬过树，这还真是一件遗憾的事。

前些时候得到一个偶然的机会，我去请教一个建筑师前辈关于风景园林的问题（我不太理解他曾经批评过的几个园林设计）。那建筑师认为，风景园林是个好专业，虽然刚刚起步，但是肯定很有前途。因为它相比建筑，更接近自然。自然永远是最好的模板和灵感源泉。他鼓励我不要执着任何大师或是作品，而是向自然学习。我以为他不懂业内的大师和作品，所以才拿"向自然学习"这种缥缈的东西来搪塞我。现在仔细想想，村口的那棵树不就是最好的例子吗？那被覆盖的一百多平方米的土地，是我见过最好的园林场所了，没有之一。

现在的大部分人与自然接触得太少，包括我自己。与自然接触少了，怎么能谈自己有多热爱自然呢？一个风景园林设计师，不够热爱自然，那还能做出什么？我们是将自然带到人身边的人呐。说起来，很有些怀念村口的那棵树了。

我在上一卷的传统思维里寻找面对园林中文化问题、艺术问题、社会问题的态度与途径。结果就有了这一卷的内容。途径大概还需要实践来证明，但是态度已经明确了，因为对于这些问题的认识更加深刻了。如此一来，我终于不用在面对"花在哪里"这样的问题时仓皇而逃了。

也许我的答案解决了大家类似的问题，或者我的答案还不具体，但希望也给了大家发现问题的思维和面对问题的勇气。

那我们继续吧。

卷
五

境
界
论

造艺与造境

设计而言，境界为上，无则言情怀，再无则谈策略，全无则论功能。

我们上卷所提到园之四场是四种完整园林设计逻辑。可以认为每种场都是一种评价标准的完整体系，往往一个项目可以多种标准融合其中，同时可能还存在其他的评价标准，如政治、经济等。但这样对于设计而言，始终显的混乱。我思考其中关键，反倒是换一个逻辑，或许可以找到线头，顺藤摸瓜理清头绪。于是就有了以境界为上的"境界论"。

设计就是功能？我反对。之前的文章也已经提过，若是真如此理性，就叫安排，不叫设计了。设计若没有境界或者情怀，就如同人活一辈子，只知道吃喝拉撒一般，索然无味。境界和情怀都是场地与人的情感关系，场地和人都必须要在这里成为关键元素才行。强调功能并没有什么问题，功能之所以摆在最后也是因为功能是最后底线，没有功能是不行的。但无论如何，功能只是最后底线，这是不论放置任何"场"中都不变的。

艺是什么？这里艺不是艺术，而是技能、技术。在古代，与意同音的艺也是指技能的意思。譬如古有"六艺"——礼、乐、射、御、书、数，就是六种技能。艺与境是如此关系暧昧的词汇，在设计层面，这两个词本身就很容易混淆。造艺是以技术为指导的设计，顶多算在策略与功能之列，与造境有着天壤之别。

弗兰克·劳埃德·赖特
（1856.09.03-1924.04.14）

现代建筑四大师之一，美国最伟大的建筑师之一，在世界上享有盛誉。代表作有流水别墅、罗比住宅等。

赖特的建筑中常常会出现一些中心分布的空间布局方式，有学者猜测这与过去以火炉为中心的建筑布局方式有关，是由此一直延续下来的定式。虽然这种猜测看起来很符合路径依赖的理论，但另一些学者认为火炉无非只是一个取暖技术而已，想象如果一帮现代人围着空调聊天的场景就觉得很可笑。这大概只是一个设计"泡沫"，一旦泡沫爆炸，多种形式的设计就会接踵而来。反观现在的"技术"设计，如果设计师成为技术的奴隶，那做出来的设计也就显得单调乏味了。也许泡沫还是让它炸掉的好。

技术不是设计师要重点考虑的问题。过去也不是因为火炉是个神圣的象征而围着它的。火炉是一个让一家人聚在一起的契机，所以造就了温馨和睦的画面，这就是场景内在的境界。现代的电视也提供了类似的契机，和火炉一样，电视也并不是什么神圣的玩意儿。真正让人觉得美妙的是人与人之间微妙的情感勾连，这些技术不过是一个引子而已。

一家人聚在火炉旁边形成一个温馨的场域，这时候空间是有境界的。那么究竟境界是如何产生及运作的？我想是到了该谈一谈境界的时候了。

传统园林中的意境是一种琢磨不定，把握不住却又意味深远、令人感受领悟的状态。但现代园林中的意境用境界一词替换应该更为恰当，因为它不像过去那般需要丰富的文化内涵才能感受到，如今它也可以是一种可以明确体会、切实感受的状态。中国传统中没有我们现在所说的境界一词，境界应为佛家经典中的特殊术语，梵语为"Visaya"，意谓"自家势力所及之境土"。这"势力"不是金钱和权利所代表的势力，而是人感受外界的能力。引"六根""六识""六境"之说：

若于彼法，此有功能，即说彼为此法境界。

又有解释：

彼法者，色等六境也。此有功能者，此六根、六识，于彼色等有见闻等功能也。

再解释：

功能所托，名为"境界"，如眼能见色，识能了色，唤色为"境界"。

所谓六根即为眼、耳、鼻、舌、身、意。六根具有的功能叫六识。六根通过功能六识感知到外部与六根对应的色、声、香、味、触、法六种感受，则称为"六境"，这被六根以六识感知的六境，就是所谓的境界。

园林中的境界，即是人的感受投射到外部范围的状态。这需要两个要素，一个是外部范围，一个是人的感受投射。

古人造园趣事也能反映出对于境界或者当时叫意境的理解。一园方成，园主则邀文人雅士在园中盘桓数日随处漫游。在游园之时，园中景致和游园的情致显现出来，于是一个个恰当的名字便出现。起好了名字，园才算完整。这是由于人的情致投射到景中，所以有了境界，这个名字便是象征。甚至有一些自然山水，在人涉及之后，虽然并没有对自然本身做什么，但山水有了自己的名字甚至故事传说，这样就成为了"有境界的园林场所"，否则只是传统认为的第一自然而已。

虽然境界似乎有些唯心的强调人的情感对于景的影响，但很显然这并不与东方的传统自然观矛盾，反而恰恰是体现人与自然在某些程度上的一体化思维。西方的传统自然观虽然带有破裂性，却也无法阻止人对于景的情感投射，不管投射的是第一自然、第二自然抑或是第三、第四自然，也不论是东方还是西方，这样的情感总是不可避免的产生，也造就了一个又一个有境界的园林场所。

举我们最近提到了两位大师的设计方法为例。高哈汝强调风景园林师在做设计时，首先应该是要有兴奋和感觉。他在一次采访中也谈到，设计师首先应该有对场地整体气氛的感受和把握。场地的气氛和我们所提境界一词十分接近。

三谷彻在一次讲座中也给出了自己的答案。他认为在做一个设计，首先应该是给出一个奠定整个场域气氛的空间，然后再将所谓的功能布置在这个场域边界，让出奠定气氛的空间。他认为一个场域的氛围是设计中应该首先考虑的要素，其次才是解决场地中的各种实质问题和布置功能。

我认为情怀列在境界之后，是因为情怀似乎是带着铬黄色怀旧色彩的境界。举例言之，随着科技发展，火炉退下历史舞台，但曾经在火炉边上渡过一个个温馨寒夜的人们，在看到火炉时会勾起与家人共度美好时光的回忆。这个引发的过程称为情怀。不过设计不仅是承接过去，还应考虑未来，如果再利用这个火炉与场景设计些什么，将火炉重新利用起来，或者又成为连接家人情感的纽带，那么则认为这个设计有了新的境界。如此来看，情怀稍微有些狭隘了。

但是挺悲哀的一件事是如今许多设计都是在满足了基本功能之后，快餐式的套用其他设计。这导致了许多场所气氛的同一性。我们所反感的景观同质化和城市的千城一面都是这样诞生的。好在每个地方的人都是不同的，人对于外部世界的反应也有所差别，才缓解了这些悲剧的现象。

外部世界受到人情感的投射后有了境界，这与早些年提出的场所精神有

些相似。每个场所都有自己的精神和境界，这是因为地域性不同。构成空间的
材料差异是存在的，但影响最大的还是人的差异。每个不同的文明都对外部世
界有着自己的理解，文化成为一个过滤器，它过滤着外部世界达到人们大脑中
的信息，并且转化出了不同的情感。大到文明之间的差异，小到城乡之间的差
异，传达的情感各有各的命脉。所以每个场地也都应该有属于自己的境界，就
如同每个人有不同的灵魂一样。同质性的做法是场地屠杀，会带来很高的"临
时性"的过时风险。

非临时性

早些年几乎所有人都在质疑空间环境需要境界的必要性，直至今日依然有不少的决策者和设计师采用这样的态度。他们似乎坚信在过去几十年中粗放式的大建设为他们奠定的"坚实"经验基础，但他们完全没有察觉到单纯的功能主义和实用主义在现实建设中的可疑论调。时代已经以超越经验主义的速度让世界改头换面了。过去的建设成果如果一味的坚守自己看似现代化的阵地，相信其很快将会成为临时性的空间。他们即将面对的是被替换的风险。

周榕

清华大学建筑学院副教授，建筑师、建筑评论家。坚持不懈反对宏大、超验、纯粹、理性、完美、非时间性的乌托邦城市思想。

《向互联网学习城市
——"成都远洋太古里"
设计底层逻辑探析》

于 2016 年 5 月发表在 No.572
《建筑学报》。

清华的周榕教授在《向互联网学习城市——"成都远洋太古里"设计底层逻辑探析》一文中将城市与互联网进行比较，展示了两者之间类似的资源组织关系。文中强调在组织社会资源的效率上，互联网的能力要比现实城市空间强大的不止一个数量级。许多以单纯资源组织的城市空间形式在互联网崛起的巨大压力下正在面临崩溃的风险。这是类似百货商场这样简单的商业结构所急需改变的原因。在过去几年中，电商几乎以碾压的形式盖过了实体商业。但周榕在"成都远洋太古里"这样的商业综合体中看到了城市组织资源有效的新形式。与以往的综合体不同的是太古里并没有致密高效的资源组织模式，他内里的空间结构看似松散，似乎也不在乎店面的数量，取而代之的是一些"无用"的空间。因此周榕教授以"场"的形式概括了历史发展中出现"钱场""物场"以及"人场"的不同重点的组织逻辑，并将这种似乎不关心物与钱，而是关心人的设计逻辑归于人场之列（不错，前文《园之四场》正是用了此种分类总结的方法）。我所理解的"钱场"和"物场"即以单纯的功能主义和商业需求来组织空间的模式，"人场"即从人体验的角度出发所考虑的境界与情怀的空间逻辑。太古里在这点上无疑是成功的，它看似"错误百出"的空间逻辑打败了重视高效串联资源、清晰导引人流的商业逻辑。这样低效的老旧街区反而成为了最有魅力的吸引游客区域。不仅使过去的街巷脱离了"临时性"的风险，而且为区域带来了新的活力。

  任何时代，精神是永不褪色的主题。强调境界与情怀的空间逻辑，带给人的是直接与"六根"相联系的体验。互联网虽然组织资源的能力远远高于现实中的城市，但却无法与人的全方位直接体验挂钩。现实中高效的空间组织能高过互联网吗？在有了更高效的组织形式之后，有些现实空间设计是否可以考虑不以对资源组织和分配能力作为主题，而是应该像田忌赛马一样，发挥自身的优势，将与人性相关的体验发挥出来。这才是人居环境的特色价值所在，也是为何空间的境界如此重要的原因。

  空间与人的情感相联系就能够避免成为"临时性"景观吗？当然不是如此简单。境界要以体现场地原本的真实为营造条件，有可能的话，应该利用场地原本的精神来激活和更新当下时刻的空间活力。如此才能赋予场所本身的地域性和历史般延续性的生命。

  又用到如此玄之又玄的语言本不是我的本意，可惜精简准确的词汇我也并不擅长，这类问题到这里只能再详加描述了。场地原本的真实所代表更多的是场地的历史。这种类似于过去式的语汇在场地中重组和延续，将带给人关于场地的情怀。之所以情怀次于境界，不是因为情怀的"文化程度"不如境界，而是情怀更多代表了过去。但好比在时间维度的地平线，境界的内涵不仅要向过去延伸，也要连接当下与未来。一味的怀旧会使得空间变为历史的舞台布景，这种博物馆式的布景是与当下时刻切断联系的，这也意味着其难免会成为一个时代的"临时性"景观。

  人们会对眼前的房子和身边的社区带着一种依然如故的期待，但人们很少会希望自己的环境是一成不变的，起码人们总是喜欢自己的生活变得更好。人们对于自己环境的情感看似矛盾，其实不然。这种变化是一种日常性的积累，它必须要存在于日常生活与工作中，并连续性的发生。一个场所存在的境界应该不仅展示了场所本身的历史，让生活在其中和附近的人对于新的环境不至于产生陌生感；同时它也完整的存在于当下，符合当下人们的期待；并且让人们可以想象到它的未来，或者充满期待和兴奋。这便是境界"非临时性"的特点。

  那么这就要求我们所做的工作应该与场地本身有关。风景园林师应随时保持艺术热情，但不能像一个艺术家一样"随心所欲"的在场地中展示突兀的艺术形式。许多设计师往往以自身的艺术追求，或者高速建设的固有模式，抑或是大量抄袭后的变形来打造一个新场所。如此不仅破坏了场地中原有的内涵和能量，也对设计本身没有任何帮助。这样的艺术如烟花般耀眼，也如昙花般短暂。风景园林是空间的艺术，风景园林师应该将场地原本的真实强调和展现出来，而不是带来与之毫无关系的外来物入侵场地。这样产生的新情感是脱离历史与当下的，将很容易被别的景观所替代（但不能说临时性的景观没有意义）。

矛盾在一切之中，也包括风景园林。世界发展的迅速超出所有人的预想，在如此快速变化的时代下，不管是场地组成材料还是组织形式都不断发生着变化。越来越难判断场地中的艺术是否是"突兀"的。在埃菲尔铁塔建成之时，诸多类似的疑问曾随之出现。因为它实在与周边的环境格格不入，"丑"得无与伦比。那时候的人难以想象的是，这样一个金属怪物在今天不仅成为法国的标志之一，居然还带着一种浪漫主义的情怀。带来这样结果的因素有很多，但埃菲尔铁塔的例子足以说明一点，法国需要它。我们如果被什么定义所限死，那必将成为笼中鸟，定义也将产生新的框架和枷锁。当然，我们的工作并非毫无价值，关于境界的定义和特点依然需要进步的人们去思考和讨论，但是否成为"临时性"景观，不是完全由风景园林师说了算的。

诗意与境界

一向被认为作品充满诗意的黄声远在一个讲座上被问到这样一个问题："什么是诗意？"

黄声远是个很独特的设计师，似乎思维方式都和别人不一样，在设计中，他很少有十分确定的目的或者要求，有时会搞得其他同事很迷茫，他回答这个问题时，似乎也是模糊不清。他说，"诗意这个事不需要解释，你自己就知道，你如果说不知道，那一定是你的借口，你的母亲和街上的海报哪个重要，这是再清楚不过的事。"

困惑大批设计师许久的诗意就这样被这样看似没有什么深度又浮夸的答案给解决了，真有些措手不及。

我们大概可以从他个人经历及作品中理解他对诗意的答案。黄声远是耶鲁大学毕业的建筑师，但是他却在台湾宜兰这样一个小地方扎了根。在这里，他成立"田中央"工作室，而这个工作室真的在田的中央。他说，他不喜欢城市中那样的生活方式，宜兰和宜兰人让他感觉很舒服，于是他就留在这了。就这么简简单单的理由，就能让他放弃一般人无法放弃的平台和机会，来到一个远离大城市的地方完成自己的生活。他大概是在这里找到了比海报重要的东西。

谈到他的作品，更是不可思议。不了解他作品的人来到他设计的场地，恐怕会觉得简直就是一团糟，完全找不到头绪，也不知道这到底是什么东西。他的设计几乎抛弃了建筑传统的形态枷锁，所以在习惯了普遍低劣城市背景和形式滥调空间环境下的人们感到无法适应。不过当地使用者和了解他作品的人都很清楚他到底在做什么。他只是热爱生活，希望顺应使用者让他们把生活过得更好而已。

　　简单看看他的作品，或许会对他的诗意有些许了解。"路窄一点人可以相逢"的津梅栈道就不用多提了。宜兰社会福利馆是一个复杂但不出奇的建筑，这个建筑并没有其他建筑像效果图那样的酷炫，而是"破破烂烂"的静静待在一堆建筑群中。单单从外表看，除了多面采光和破烂的表皮外，没有什么特别的了。特别是建筑所使用的材料，就是普普通通的当地材料。但它却有诗意。社福馆显然是那些社会中低层常常关注的场所，这是考虑了使用者而不是建筑师才得出的设计。我们在地铁里经常会看到一些农民工穿着脏兮兮的衣服坐在地上，即使在他们面前有空座，他们依然紧揣着自己的包裹平坐在地上。因为他们知道自己干完活身上脏，地铁里的座椅太干净了！这种反差会使人们心里产生距离感，使农民工觉得座椅不是属于他们的空间，他们宁愿选择遭人鄙夷的坐在地上。可能刚刚干完活的他们真是累了。人在一个与自己格格不入的空间中会显得很尴尬。同样在宜兰的社福馆，如果设计成一个"高大上"的环境，会使常常来这的人感到不舒服。也许一般人会对新建筑里的破烂材料感到不舒服，但黄声远抛弃了这些主观印象。于是就造就了诗意的社福馆。

　　除了社福馆外，黄声远和田中央在宜兰的许多作品都带有这样类似的气质。他们的作品深入日常，他认为建筑是陪伴，他了解诗意，就像他"模棱两可"的回答一样，亲人和自己才能产生真正强联系，海报即使宣传了什么惊天动地的大事，对于自己而言不过也是可有可无的东西。他的诗意直达人心，如他所说的建筑一样，是一种陪伴。这种日常的诗意成就了宜兰，也为传统学院式的设计开辟了新的思考方向。他的诗意是日常、是人心。

　　理解前几篇观点的话，将黄声远的诗意换做"境界"也是可以的。诗意和境界是如此的暧昧不清，我本也是不求甚解之人，但却也是碍于形式，或者是自寻烦恼在这也得分出个一二，否则又似乎有对不起读者的嫌疑。虽然我对于下面的言论能是否能解释清楚也没有把握，或许这本就是两个系统的事，但我想，既然是闲话，我也能随便谈谈，读者若是对此有所思考，也是有帮助的。

　　之前所说，设计有境界，则为上。那如今诗意又该置于何处？就个人观点而言，我所理解的场所诗意为使用者自觉体会到的场地价值。诗意与人相互作用的过程，或者说物与意，即外界与感受的相互作用过程，不论其自觉或是不自觉，都可为境界。自觉与否，是与当下时刻所相关的。那么我所理解的境界应当强调当下的意义与感受的过程，境界大概是诗意在发生时刻的具体过程。

　　诗意在乎技巧，境界更关注体会。若是一个日常的设计，对于使用者，诗意和境界没有区分的必要。但若不是使用者，又有不同的情况。举宜兰社福馆之例，外人了解到这个设计本底逻辑之后，会说"嗯，好设计，有诗意"。但作品和他们的日常没有关系，事实上他们只是理解了设计逻辑而已，从理论上做出判断，而不是从使用上。就像我现在从评论角度出发去谈设计一样。若是对于真正使用者而言未必能体会到诗意。但境界却是一直在场地中发生的，比如社福馆中人对于环境的融合感从来没有消失。可惜，有一件事是容易让人忽略的，使用者或许并没有刻意地去感受场所舒适与否，不过往往不自觉的舒适对于人的大脑没有特别的提醒，反之，不适总是让人印象深刻。对于使用者而言，诗意成为日常也意味着冒着因习惯而被遗忘的风险。因为技巧见多了也就不巧了。但体会成了习惯，即使不自觉，也是潜移默化存在着的。

举古文之例。古人谈"桂华流瓦"，是极有诗意，但说境界，似乎又不够；但若是谈"先天下之忧而忧，后天下之乐而乐"或是"安得广厦千万间，大庇天下寒士俱欢颜"，则众人皆认为有境界。因为桂华流瓦极美，表述的手法也很巧妙，但朝夕耕作的农民恐怕只是习以为常。后者中，天下寒士却与众生相关，不论身处什么社会位置，必然能体会其中高境界。

场所的诗意是美好的巧合，是恰好在场所里发生的事件，是场所在某个事件恰好引发的人的感受，是思想与空间事件恰好的碰撞。但对于设计师而言，他们的工作应该是制造一种发生巧合的契机而已。其方法应该是关心每一个生命细微情感的胸怀。这胸怀与其投射到的人心便是境界了。

那么，似乎是可以稍微理解一下诗意与境界暧昧的关系了。各位读者也别怪我又不谈设计还扯出古文，我估摸着大家也少有先天下忧，后天下乐的境界，却做着"广厦千万间"的事，这样的意是否达人，很是让人担忧啊。

隔与不隔

从近代开始，中国传统的精英社会文化似乎离我们越来越远。什么看山有三远，什么阴阳对仗文，连在国内从事园林专业的技术人员也少有接触（仅仅在论文等文章中出现，而在设计中普遍少见）。就算是写出此文的我也是各处查阅，因为在校学习园林时，是没有系统接触过的。在国内，大型项目的实施必须依仗着专家评审的机制，许多专家看到此处也会摇摇头说"脱离市场"，又或是觉得太过形而上，无法落地。更多时候决策者和设计师都会采取已经成熟的"套路"和"招式"。如此，传统自然山水园中的深意却被远远地遗忘在假山亭台这样文化符号组成的背景中。就在我们一致强调发扬传统文化的今天，了解这些符号其中深刻内涵的人和古时候相比也并不多几个了。我们有了许多新的思想，这些原本不属于我们，不产生在中华大地上的观念，在这百来年间迅速占领各个行业阵地，对我们的认识产生了翻天覆地的影响。

中国的园林经历了由私到公的变化，不论从思想上还是手法上，已经"面目全非"。当代传统园林在寻找自身出路上，一直没有停歇。我所引境界一词，也是出于此目的。

王国维
（ 1877.12.03-1927.06.02 ）
字静安，中国近、现代相交时期一位享有国际声誉的著名学者。王国维把西方哲学、美学思想与中国古典哲学、美学相融合，形成独特的美学思想体系。

很显然，境界并非我原创，也并非由我首先引用。百年前，国学大师王国维在《人间词话》中就将"境界"作为词的评价标准，在文学界引起巨大震动。百年前正是清朝末年，那个时代是中国正在接受西方思想最为强烈冲击的年代。那个剧烈变化的年代，学者们对于传统文化和西方文明的碰撞有着更加深刻的理解和研究。学贯中西的静安先生是那个年代学者中的佼佼者，他不仅对西方哲学等最具代表性的文化有着深刻的思考，更秉着对中西贯通的理解和对时代的洞察提出对于中国传统文学的新见解。以境界论为主导思想的《人间词话》是静安先生的代表作之一，这是中西交融的眼光看待和继承中国传统的新探索，并且这个探索获得了巨大成功。基于静安先生的时代背景以及我们当前所面对的专业矛盾，于是我也从中取巧，希望对于当今的园也能有所帮助。

静安先生提出了一个与众不同的观点。若以此观园，我们就能更好地理解当今园林对于传统园林继承的问题。在《人间词话》中有如此说法：

如欧阳公《少年游》咏春草上半阕云："阑干十二独凭春，晴碧远连云。千里万里，二月三月，行色苦愁人。"语语都在目前，便是不隔。至于"谢家池上，江淹浦畔"则隔矣。

这个论点十分有趣，静安先生居然说唐宋八大家之一的欧阳修写的词不好。这词坏就坏在"谢家池上，江淹浦畔"这句。

为何？因为隔了。

古人爱用典，"谢家池上，江淹浦畔"这八个字，欧阳公用了两个典故。"谢家池上"用的是谢灵运《登池上楼》的名句"池塘生春草"。同为咏春草，"江淹浦畔"则引的是江淹在《别赋》中之句"春草碧色，春水渌波，送君南浦，伤如之何"。欧阳公也巧借了赋中离别情态。这短短的八个字，内涵如此丰富，为什么静安先生还是说不好呢？因为隔则无感。设想如若读者不知谢灵运与江淹之名句，那何来咏春草之说？这两个典故绕了一圈，在读者与作者所写之景之间筑起一道无形的墙，欧阳公之意难以达人了。静安先生将"池塘生春草"视为好句，好在其不隔。如我们前话对于境界达人所说，语语皆在目前，观者能体会到作品其中的意，则产生了境界，则不隔。

每个时代有每个时代的文化特点，人所能接受的文化背景不同，接受作品的程度也不同。对于古代文人，"谢家池上，江淹浦畔"或许不隔，且其意颇高。但于今来看，确实隔了。园之于文，也同类。若是不达人，境界再高也无用武之地。

北京金融街北顺城街13号四合院，曾经出现了一个高境界的设计作品。这是出自朱育帆老师之手的会所设计。业主的要求是在保持庭院原有建筑格局、文化气质和构造特性的前提下，将13号院改造成为适用于地产商、银行家、建筑师和风景园林师等具有一定文化的特殊群体举办沙龙聚会的服务性场所。因此，朱老师分析了周边建筑风格，确定了改造建筑风格和空间布局。如果是国内的常规设计，到此也就结束了。但朱老师又进一步分析了使用者的心理。沙龙一般指十七世纪，西欧贵族、资产阶级社会中谈论文学、艺术和政治问题的社交聚会。相对，在古代中国，文人士大夫阶层也有类似的聚会，如晋代的

"竹林七贤"等。朱老师认为这是一群相对封闭又有文化的共同志向者的小聚会，其本质精神是"苦觅知己"和"孤芳自赏"。于是，朱老师借苏州古典园林的"与谁同坐轩"之题材，引苏东坡"闲倚胡床，庾公楼外峰千朵，与谁同坐。明月清风我"之典故，以"明月清风，与谁同坐"为主旨造景。设计师意在通过"明月清风"表达"与谁同坐"的孤芳自赏情感。那么"明月清风"就被认定为是表达要素，于是有以圆形磨砂玻璃盘隐喻的"明月"和以瑟瑟作响的竹声以显示风动的"清风"。另外，在正对这组景的位置，设计师布置了石与座椅，这又隐喻了"我"。所谓唯有明月清风与我同坐。设计对提出"与谁同坐"这个问题，继而又给予解答，只有明月清风与我。一个简单的下沉院落体现出了诸多深刻的内涵和情绪。在分析了使用者的气质之后，不得不说，这个设计有一定境界。

可惜，我又不得不大胆地说，这个小设计"隔"了。在前文中对于朱老师的作品一直都是正面形象点评，这次终于要"反转"了，但这个反转的目的并不是在批判设计师。首先，使用者初步定为是银行家、地产商、风景园林师等，明确了受众类型不是一群普普通通的大众游客，基于这些使用者的身份背景，我相信真正有强烈"孤芳自赏"情怀的大概只有设计师；再者，通过对座椅方向及"明月"的布置，很容易使游客注意到碎石铺地上突兀且可疑的玻璃盘，但"明月"之感的产生同样可疑。以竹声来阐释清风，古意浓，对于熟知"静听松风"这样古典文化的人来说，境界极高，不过恐怕部分企业家这样身份的使用者对于这么绕了一圈的表达会不知其意；其三，设计引自拙政园"与谁同坐轩"，拙政园中，"与谁同坐轩"五个大字直接点明主题，而明月清风可遇不可求，都是在轩中使用者的亲身体会。朱老师的明月清风则有些强加给游客的意图，这样的明月清风难免不够自然。那么这样重人工的明月清风，是否还能有"与谁同坐"的"孤芳自赏"之感便不好说了。但作为对于古典艺术的再思考而言，这种设计的艺术感和时代感都很强。以人工形式的引导将人过去的自然感受从心底拔出来，也是具有比较强的艺术性。这便是类似"谢家池上"的典故手法。不过人们心里是否有能够被拔出的感受，这点是很难判断的。

会所的设计对于知之者而言，有境界，对于不知者而言，显得有些不知所云。所以说这个设计略"隔"了。但是设计师的文化背景和艺术水平超出大众认知水平，这是设计师的问题吗？近代以来，设计师的权利已经被削弱得太多，大多数设计已经难以看到设计师的个人风格，许多人认为这是一件好事，突兀而排他的设计越来越少了。但这样也造成一个问题，大众的审美水平真的停留在"大众"阶段。

当下时代受到全球化等因素的冲击，许多文明的内核受到温水煮青蛙般的侵蚀。导致现代人们的认知与传统场所之间产生了"隔"。事实上这是传统文化发扬的最大困难之一。对于园林这种以空间来展示内涵的艺术而言更是隔得离谱。以至于大众只关心花园里是否有花而不是空间。面对这样的现象，许多从业者是放弃的，毕竟工具理性要求从业者从能推进项目的角度出发去思考问题。我们不妨看看日本，在解决"隔"的问题方面当属世界第一。

我听说过这样一个例子。法国设计师到日本访问参观，匆匆从机场进入城市，却在进入日本的禅宗园林前被要求在室内用毛笔临摹书法。法国人怎么会用毛笔练字呢？没办法，既然有这样的要求就照做吧。法国人就这样在榻榻米上耗费了大量时间，终于写出了点书法的样子了，日本人才领着法国人参观园林。我们看来，日本人总爱做一些"没用"的事。贵客远道而来，直奔主题，却让人先练他们不擅长的书法。这简直就是强人所难！但其实不然，法国人对此深有感触：刚刚结束在飞机上的旅程，一路奔波之后是异常疲惫的，而书法会慢慢静下旅途中浮躁的心。同时书法与禅宗有着道不清的关系，这让他们在游览园林时有了更深的体会。

本身对于西方人而言，东方园林是绝对隔的，但日本人这样看似无用的做法却削弱了文明之间的墙。

思考至此，我逐渐理解了当年在园博会上那个问花的大叔，不过花到底在哪里还是一个深刻而待解答的问题。

设计对于大众，是一个服务行业，设计师自然应该需要为大众提供"日常"和"普通"的服务。与此同时，设计本身也是一个艺术行业，一定的艺术性必然会有超脱大众的嫌疑。不过，设计师在满足日常的"不隔"的同时，是否也有提高大众艺术审美的社会职责呢？我们究竟能以何种方式来提高？或是放弃呢？

境界高下

境界无大小，但有高下。

一般就园而言，讨论境界之大小是没有多大意义的。园之于园，也很少有可以相比较之处，因为同一地不能出现两个园，所以园只在其存在之地才有意义。但其达人之别，则造就其境界高下之分。若非要有所评判，则当以此为高下标准。

东汉末年的《古诗十九首》中一句"生年不满百，常怀千岁忧"，此句较同时代作品，境界稍高。在那个时代，诗歌中出现多是农耕文化中的点滴，作为一个农民而言，日常生活不过是在田中日复一日的劳作，思考的重心也无非是庄稼。在一天劳累的农活之后，基本上是没有时间去怀"千岁忧"的。既然诗歌中如此写到，可见作者已经跳出传统农耕生活的框架，对于自身的追求有了一定的思考，至于是如何的思考，我们不谈，但显然这思考的感情被我们接收之后，是能察觉到其中较日常农事稍高的境界。

《春江花月夜》
唐代诗人张若虚名作。建议熟读并背诵全文哦。

《春江花月夜》以孤篇盖全唐，只因其诗中超脱的宇宙观。传统诗人作诗之时，喜怒哀乐皆出自自身境遇而与境相对。但张若虚以其独特的想象力，关心着更加宏观的问题。

江畔何人初见月？江月何年初照人？人生代代无穷已，江月年年只相似。不知江月待何人，但见长江送流水。

诗人由小小的江月联想到了深广的时间，这时间中的事件又不断变化与循环，其中人的喜怒哀乐在诗中尽管以想象去表达，却好似过眼云烟。因其写细微之事，则易达人，又因其以宏大的宇宙观为视角，则境界高。

文之境界高低，与文人的视角高低有关。很显然深远的时间是高于短短的一夜。超脱出自身生活的眼光高于无意识的劳作。这里的高在基于日常的基础上而高一层的思考。

除了摆脱日常的框架外，另一种高境界则关心的是社会问题，例如家高于人，国高于家，天下高于国。"众乐乐"高于"独乐乐"，是为此理。不过若是大家都关心大众，那谁境界更高呢？个人认为杜甫在"泥菩萨过河之时"，仍写出"安得广厦千万间"之言，则略高于范仲淹的"先天下之忧而忧，后天下之乐而乐"。

文境界有高下，园亦如此。若以文之标准衡量，论境界高下，只因服务对象的扩大，可有当今公园高于过去私园。似乎大体上做此论断也不无道理。

我所理解的园林境界高下与文学有些许类似，但结论与上文又有所不同。这高下是在于"all"和"everyone"的区别，或者说这是"天下"与"众生"的区别。在园林日渐公共化的今天，这样的区别也逐渐凸显出来。"天下"是一个集体叙事的表意，其在于大众，在于整体，在于主流。当主流文化正在强烈表达时，便会不断强调"大部分"使用者的需求；"众生"则是一种细微到每个个体的表意，它更加关心那些于大众或者大部分需求而言微不足道却"十分重要"的感受与需求。"众生"比"天下"更为细致，境界也更高。从这个方面说，私家园林似乎是满足了个体细致的需求，比公共园林境界高了。当然，在公众的园林中若是产生了细微关怀的设计，那便是可遇不可求的设计。

但是我认为，将公园与私园比较，意义确实不大。只能说在其服务的对象之内是否具有可比性。

我们常说谁较谁境界高，从评论的角度可以用此对比。不过我们不可能要求社会中全是精英，对于服务大众的行业而言，平均水平显得更为重要。我们在意的应是有没有，而不是高不高。这对于设计行业而言，应是广大设计师的社会职责。如平面设计及插画CG行业，如果对此有所关注的朋友们就会发现，在早些年所见的各个行业平面设计中，颜色大多俗不可耐，过度设计屡见不鲜，元素堆砌眼花缭乱。稍微对比游戏行业早年的国内外网页上的插画广告就能看到巨大区别。随着行业逐渐发展，对国内劣质插画的刺激越来越大，专业技术人员水平也被迫提高。如今外行基本已经分不清国内外插画的区别了。现在看到劣质的CG，大众会情不自禁的排斥产品（最简单的例子就是许多看了宣传画马上就不想玩的电子游戏），因为大众平均审美提高了，可以理解的境界也自然就高了。

园林行业本身就处在一个审美混乱的时代，委托方和设计方的认知总是存在差别，设计师之间也矛盾不断。设计的好坏本身就难辨，提高平均水平这样的目的更是难题了。首先使得境界可达人，可能是园林与其他专业目标不同之处。

由于园的唯一土地占有性，园与园一般情况下也难以对比，只能是同一场地的不同方案才具备一较高下的基础。这就是与文之评价不同之处——也反映出考虑是否有境界比境界高低更有意义。

园有境界高下之分，人之感受能力同样也有高下之别。大众境界必然位于一个大众感受能力的平均水平上下。不管是公园还是城市，都是以公益性的方式面对大众，故大众境界显得尤为重要。即使如我纠结并唠唠叨叨这么多篇幅的园之境界，其实也是没什么直接帮助的。不如先考虑大众可感受的能力和程度，才能有提高而言。就当世而论，从人之感受境界高下讨论，应比园之境界高下更有意义吧。

象形问题

一

《淮南子·本经训》中记载,"昔者仓颉造书,而天雨粟,鬼夜哭。"说的是有个叫仓颉的奇人,造出了象形文字,之后天地鬼怪出现异状。

为什么文字的诞生会如此可怕(或者说影响巨大),可怕到古人要用天出现异状,鬼夜晚哭泣来描述?因为文字意味着知识,并且是可以传承的知识,借着这个发明,人类的智慧和经验得以传承,于是人类会变得越来越聪明,聪明到能够逐渐脱离远古的神。这文字可是比互联网还厉害的高科技。不过中国古人早就有"后现代的思维",说文字产生了,诈伪也萌生了,说文字这个事,虽然是做出巨大贡献的"高科技",却也把人性带走了。不管是自主意识的可怕,还是诈伪萌生的可怕,这都是件不得了的大事。而中国人创造这历史性大事件的方法,就是象形。

"仓颉始视鸟迹之文造书契",仓颉最早是观察并模仿鸟在地上留下的脚印而创造了文字。最早的文字与其说是文字,不如说是图画。在文字中可以明显看出图形的痕迹。

象形是一种"不隔"的方法,就算是今日研究象形文字的学者,单单看图形也多少能明白几层意思。就是因为"不隔",才将知识传承——人类最伟大的使命交付给象形。中国作为世界上历史最悠久的国家之一,象形方法传承历史的作用是不可忽略的。

象形若是脱离文字和图像,就成了具象的景观。悠久的历史、对自然和祖

甲骨文

先的崇拜以及天人合一的自然观使得具象的景观在中华大地上随处常见。传说中的仙岛和神兽、古代圣人的典故乃至与吉祥的文字相同发音的元素，都可以具象化来作为园林或者是别的装饰。如今，这些具象化的景观逐渐转变为了形象化的文化符号。具象这种方法，还一直被中华大地上的各个行业不断应用，园林景观当然就是其中之一。

我曾经在陕西黄河边上一个县城里，见到一个大型的具象景观。一个能够俯瞰脚下农田的台塬上，以对称的结构布置了一系列构筑物。台塬之下的农田间，用树木摆成了一个大型的中国地图。

"天雨粟，鬼夜哭"，这是我当时的心情。其他的词汇，实在是无力再用于此处了。那个我虽然记不住准确样貌但却时常想起的爱花大叔，是否会觉得这个场地景观壮观无比呢？当时的我只是想问问，这是谁的主意？最后因为胆

上 树林勾勒出中国东南海岸线和台湾　下 西部少数民族的具象山体艺术

小，怕得罪当地人，就把这问题憋了回去。看着当地人微微有些骄傲的神情，我也不知道这到底是好是坏，只是看后觉得浑身的不自在。

这个"大中国"的经历也是促成我写这篇的原因，而后在各种各样的中国城市绿地、城市广场、公园景观中，我留意到无数的象形现象。大多都是因为决策者提出了要求，设计方和施工方只能照做，偶尔也有设计方贪求效率，直接将象征性的雕塑摆在场地之中成为焦点。虽然这个"地图"也许只是出自偶然，但如果拿这个来做文章，显然有点潦草。总之，对于"民族化而不过土"这样的要求，这些景观大部分都没有做到。

"大中国"的形态，大概可以称得上是大地艺术，但是似乎艺术性不太合格，或许叫大地种植技术更为合适一些。简而言之，在艺术手法上相对较低级。不过，艺术性的高低对于一些普通大众来说是无关紧要的，但我们不可能永远在一个县城的尺度里去比较。

有一些观点认为如国外那样简单的几何形态用以抽象的表达不同概念，这样的手法艺术性更强。相比这些"土办法"要好得多，而且从功能和操作上，简单的几何形态也很方便实施。因此，设计应该抛去这些具象的"土"手法，去追求更高端更艺术的表达。

但是遗憾的是设计师突兀的艺术追求影响不了千年以来的大众眼光。现代主义"墓碑"一样的置石和"坟堆"一般的地形在任何事物都能联想其喻义的文明里存活困难重重。当然，不同的场地有着不同的性质，千年文明巨大包容性也容得下任何思想，不过若要将一个主义或者一个风格打造成为大众审美，却不是设计师能够把控的。

我向来尊重那些有着自己艺术追求的设计师，他们在自己的梦想上兢兢业业，他们反对传统的具象"糟粕"，想将自己的设计做出更高的艺术层次。但直到我看到中国西北部的山体景观和宗教的山体佛像之后，我突然发现这些有着追求的设计师像没有找到方向的幼稚孩童。

这些山体景观具象无比，小孩也能认出图形代表着什么，似乎是我们一致认为的"低级"手法。最令我感到神奇的是，这样具象的景观放在这样一个环境中，并不会给人带来任何不适或者不匹配的感受。这具象图形似乎制作得极其认真，简直就"低级"的一丝不苟，"低级"的毫不做作，"低级"的无比自然。相比那些"高级"艺术，这样的"低级"令人感动。实际上，这样的景观相比之前地图潦草的气质，它具象的很生动。这样的艺术并不低级。它集合了设计师和工匠的情感，这样的情感是源于制作者对于作品的尊重，对于当时的社会责任。

难道基于大众、基于本土文化，就要让艺术回到糟粕中吗？这样的论断很可笑。糟粕不是具象，而是快餐时代的具象作品以及快餐思维。这些对作品毫无尊重可言的设计误导了我们对于场地的理解和对传统的诠释。我们要警惕现代主义和生态主义的"叫魂"，拾回传统并结合当下发扬光大，在新的时代建立一个属于自己文明的园林文化审美。

二

在和许多园林设计师交流的时候，我发现一点，设计师看着别人的设计时，常常会说，"这像把刀，这像个脑袋，这像条鱼，这像只鸭子"。这是个很有趣的现象，那么我们接下来要说说设计师总是把想象力放到别人的设计上吗？当然不是，我还没那么无聊。我要说的是你可能觉得更无聊的事，就是刚刚说的那只鸭子。

具象景观是国人的专属吗？不可能，比如西方世界就出现了一只"鸭子"，这只传说中的鸭子引发了热度不亚于另一只世界有名的动物——薛定谔的猫的讨论。

在纽约的弗兰德，有一座奇怪的水泥建筑，它完全是一只鸭子的形态。白色的身子，黄色的鸭嘴，甚至点上了眼睛。它在1931年由鸭农所建，由于其突出的区位特点和象形特征，让大众一眼就明白这是个什么样的地方——鸭场。作为一个标志建筑，大鸭子为鸭农带来了不少收入。

这只鸭子不仅仅是为鸭农带来收入这么简单，它甚至还影响了世界建筑。在二十世纪六十年代和七十年代，这只鸭子是受到建筑学批判的对象。因为它实在是太具象了。建筑学，一个艺术性如此强的学科，之后便将所有产品与形象相同的建筑称为"Duck"。

也大概是那个时候起，建筑学里对于"丑"，多了一种定义。对于为什么认为这是丑，大概是因为具象的符号不能代表空间艺术，并且常常被认为是对空间艺术的亵渎吧。近年来，中国年年评选出的"十大最丑建筑"中，具象的建筑占了很大一部分。从西方到东方，具象丑出了国际化。

但是鸭农们才懒得管什么空间艺术，这鸭子肉嘟嘟的，看着不是挺可爱的吗？"你们这帮建筑师和评论家一天到晚喋喋不休，丝毫也不影响我卖鸭子赚钱，还为我们增加了不少收入。"鸭农们恨不得多造几个大鸭子，用国人的话说，这叫劳动人民的智慧。

这现象可笑之极。鸭农们提醒我们不能一直陶醉在艺术理论了，不关心这些理论的大有人在。鸭农并不想造出流传千古的作品，他们只想做一个标志，告诉人们这有鸭子卖。这个标志看起来很可口，或许人们就多买一点，这样他们能赚更多的钱，然后呢？然后就可以养更多的鸭子。

建筑师和鸭农完全是两个世界的人，但最大的问题是他们生活在一个世界里。建筑师审美和追求很高，高在天上，落不了地，但鸭子是在地上跑的。建筑师痛苦地在天上飞，鸭农乐呵呵的在地上看，中间隔了一道墙，叫艺术。曾经被问"花在哪里"的我深刻理解建筑师们的痛苦。但同时，我也看到了中间隔着的那道墙。这墙是枷锁，是牢笼，是王国维说的隔，只有打破了，天和地才能沟通。这不管在东方还是西方都一样。

三

不管是从鸭农的角度还是象形文字的角度，象形很显然不是天与地差异的问题，它只是一个表现出来的形式而已。我们有必要为长久以来广受误解的象形澄清这点。真正的问题不是象形带来的，而是天地隔绝产生的差距。

我们并不鼓励精致的科学要丢到混乱不堪的泥巴里，但如果建立起二者之间的桥梁是否可以达到打破隔墙的目的？虽然我们见到国人总是在嘲笑国外设计师在中国这片土地上打造的"杰作"，以象形的眼光将他们一一归类到自己认识的事物里，但也常看到他们对本土设计师不堪的具象设计报以斜眼。大众并不是非得找个雕塑拍照，虽然在这个信息化的时代，在各大社交平台发纪念照片这件事"重要至极"，但如果有好的空间，人们一样会知道去享受和使用。大众当然是愿意去逐步接受更高质量的作品，如此看来，反而是设计师不甘心落地了。

近年来不断有学者提出外国大师在中国设计背后的内涵和逻辑，希望解救倒霉的秋裤或者鸟蛋。但不论如何，这些作品确确实实与周边的环境格格不入。这些学者的努力多少起到了一定作用，但人们的批判关注点渐渐从具象的事物消弱下去的最主要原因，除了时间外，是与之情感联系的加深。民众觉得这成为了自己故乡的一个标志，才使得这些作品有了一定的归属感。不过这种归属感大多是这些设计内部的功能强制带来的。

　　能给民众带来亲切感受的设计作品并不是不多，但基本不会在专业领域的媒体大肆宣传，因为专业人员大多关心功能、生态和回款，更学术一些的则更关心空间艺术和技术，这些基本和民众没什么关系。于是如今凡是经过设计的东西大多都较容易吸引眼球，因为总是那么与众不同的充满"设计感"。他们对于"别人找不到自己"这件事存在深深的恐惧。如果大家不相信，完全可以花一元钱随便乘坐一辆公交车在城市里逛逛。即使交通拥堵到汽车完全封锁你的视线，你也能从仅看到的一点点路边的树冠判断出汽车后面的区域是不是一个公园。这时你才会强烈的发现你看到的公园植物意向和你每天上下班人行道边的植物配置完全是两个世界。

　　我们将在学校所学的植物配置落在一张村口设计的平面图上，自信满满的交给村长。村长看到效果后大怒："我们这里是农村，没有个农村的样子，整的和城市一样是什么意思。你们的设计太高端了，我们要的是农村。"我们忘了一件重要的事，农村是不需要公园的。那农村的园林怎么做？好像没有学过。

　　设计师被知识蒙蔽了双眼，艺术反而成了累赘。或许我们多关注那些不起眼的现象会帮助设计师打开新世界的窗口。那些看似毫无设计感的空间其实背

丢丢当森林

丢丢当森林

后充满了存在即合理的逻辑。在公共空间设计中，设计师应该回归到群众中，关心人的问题，以艺术的手法解决，如此才能让设计与人建立联系。那么到底是不是具象，根本就不重要了。除了设计师外，没有人关心你用了什么高级手法。

丢丢当森林是黄声远与田中央的另一个作品。我不知道其他人有没有这样的感觉，我每次一看到这个名字就有莫名的好心情。不得不说，这是个好名字。丢丢当森林是台湾宜兰火车站入口广场上的一排组合大棚。丢丢当正是宜兰关于火车与铁轨碰撞的拟声词。这些大棚被刷成了绿色，结构也模仿了树木的形态，目的是为了让它们更像森林。设计师希望用这些纯真的空间改变这个火车站广场的气质。所有的火车站前广场都是混乱的，宜兰当然也不例外，常常有很多游手好闲的不良少年在此聚集。设计团队认为，不良少年之所以不良，一个很重要的原因是他们与社会的"隔"。他们的思想、追求与大众不符，接着不被认可，于是他们就更加叛逆，结果是恶性循环。设计师尝试从社会的角度将不良少年和社会大众纳入到同一个空间之中，首先在空间认知上成为一个共同体。同时，在这个充满童话趣味的空间里，再做什么坏事都觉得不自在了。总觉得不良少年要是染着头发拿着小刀在这里搞些小动作，自己都会觉得幼稚。这样的想法看起来异想天开，但建成之后，这里的不良少年似乎确实收敛了很多，原本混乱的空间多了一些关爱。

这些绿色的钢结构在宜兰这样一个县城里算是非常昂贵的，这是黄声远的另一个目的。他希望用较贵的材料把这个空间占住，否则这里很快会被商业侵占。而在台湾这样的地方，如果再将这些昂贵的大棚拆掉，就会有人说浪费社会资源了，于是这个空间就得以保留下来。设计师是在保护宜兰的纯真，不被现代城市化所侵蚀。这是他作为设计师能够从大众角度所做的一些实事。

黄声远是一个不太考虑其他同行评价的设计师，只要当地的民众认为这个作品好，那就是对他工作最好的认可。于是在他的作品中有关建筑常见的形态以及设计基本的审美，几乎全部都看不到。但反而是这样，他得到当地民众最大的认可。设计界逐渐开始发现了这点，于是即使是具象的火车和树也得到了广泛的赞美。

能够看出黄声远并不纠结具象的形式或者是什么别的表现手法，他的想法很简单也很诗意。他将设计落于大众境界里，并且通过优质的空间环境提高了大众对于空间品质的要求，从而提高了大众境界。这种做法不仅没有拉低设计师的艺术水平，反而将其提高了。他没有跑去教育青蛙，也没有准备炸井口的炸药。他凭着十多年的毅力把青蛙拉了出来。这不是一个人或者一个团体可以简单做到的。

乡土中国

一

我们若要去了解大众境界，了解大众关心的是什么，审美是如何的水平，什么形式的艺术是受到了大众理解和欢迎的，那我们首先要了解大众。这里我们要再继续之前尊重世界的话题，设计师是如何尊重大众的？

大众这个话题太复杂，中国的传统大众与西方所谓公民有着很大的区别，人们关心的内容和现象也不相同。于是在设计中就产生了许多的中国特色现象，与西方设计之间的差别总在不知不觉中体现，有些受到西方文化的认可，有些则受到"先进文化"鄙夷。每个文化有自己的特色，民众自然也有，这是无法改变的事实。设计师可以引导，但不能去控制。完全不同的文化背景产物自然是有区别的，用一套办法不可能处处都适用，当年普世的价值观无法涉及各个角落，如今也是一样。

在这些试图普世的价值观触及之处，矛盾最大的当属乡土农村。我听过这样一个建设新农村的例子。设计师物色了一个场地，将村里的猪全部集中到那里饲养，这样不仅节省了各家的空间，保证了猪生长的平衡。完全区分开的饲养区和生活区也解决了村里的卫生问题。这是现代功能主义的高效设计。但是不久了之后却变成了搞笑设计。一段时间后，农民兄弟们不习惯了。因为自己看不到自己家的猪了。每餐的剩饭要跑老远的路才能喂给自己家的猪，实在是太不方便了！最后大猪小猪们还是各回各家。如果要强制"收猪"，兄弟们也不怕——农民兄弟可以不要大猪了，自己在家接着养小猪。当养宠物也不行吗？设计师和管理者可是一点办法都没有。这其实是将"私"强制变为"公"的结果。农民兄弟更习惯的是私而不是公。

其实这不仅是一个设计问题，也是一个社会问题。这直接反映出的是在一个乡土社会中的公私关系。如果说我们之前一直考虑的是园的文化性的话，接下来我们要考虑的就是社会性了。也许社会性从内容上看似与园无关，但其应是大众的基础，是社会空间审美水平的基准以及项目推进方向的决定因素。忽略社会性和文化性，园林艺术无从谈起。思考很久之后，我决定从"乡土"入手。我并没有把握在这些文章中说清楚什么结论，但是我希望当代设计师可以将眼光回归到我们本身上。

这一篇的题目"乡土中国"是引用了费孝通先生于中华人民共和国成立前夕出版的同名书籍《乡土中国》。费孝通先生描绘了一个也许已经离现代城市人较为遥远的乡土式中国社会，但我认为如同"路径依赖"，传统思想的影子还是隐藏在新世界的各个角落里。费孝通先生认为《乡土中国》是描绘了包含在具体的中国基层传统社会里的一种特殊体制，支配社会生活的各个方面。生活自然是包括我们所研究的园林思想。虽然《乡土中国》已经过去几十年，但在如今看来依旧有着现实意义。

在乡土的中国社会里，差序格局社会组织方式成为社会关系的基本组织方式。这是费孝通先生对于乡土中国最重要的论述之一。我当然不是来这里推荐阅读书籍，因其对于我们关心的园林社会性和文化性具有很大影响，所以在这里有必要加以说明。差序格局是针对西方的团体格局而言的，是一种以个人为中心，如涟漪般向外推出社会关系的格局。西方世界中，社会以不同团体组成，团体中的个体之间是平等的，那么团体可认为是公，必须要满足个人的私，团体才能稳定。于是才有"人人生而平等"这样的宣言。但在中国的传统社会中，社会关系则是推己及人的，以个人为核心，关系依次推及父母、兄弟、姐妹、亲属、朋友等。距离涟漪中心的自己越近的关系，纽带就越强。那么这就难有什么"公"的界限可言。从己到家，从家到国，从国到天下，因为是从己往外推的关系，所以可以认为家是公，也可以认为国是公，天下自是不用说了。但涟漪的规律是推得越远，能量越低，关系也就越弱。说到底，哪个是公似乎都是有理的。于是出现了这样的想法：有人问孟子，如果舜的父亲杀了人怎么办？舜作为天下主，天下为公，而在最基本的道德关系中，父为大，这都是必须要遵守的。孟子的答案是舜应当放弃自己的位置，带着自己的父亲躲到杳无人烟的世界尽头。这样自然遵守了各个方面的关系。墨翟也有与西方相似的观念诞生，但不分差序的兼爱观念被传统儒家认为是无父无君。因为父与君都被大众化"兼爱"了。在传统社会关系中，不能人人无差别的对待，这是违反差序格局产生的道德要求的。

我在北京与三个法国人合租，他们三个是留学生同学。因为合租，厨房是公用的。他们使用厨房的方式真是匪夷所思。法国人做饭从来都是各自负责各自的餐点，洗碗也是各洗各的。但是他们是一起用餐的，而洗碗池只有一个。

《乡土中国》

费孝通创作的社会学著作，首次出版于1948年。全书涉及乡土社会人文环境、传统社会结构、权力分配、道德体系、法礼、血缘地缘等各方面，是学界公认的中国乡土社会传统文化和社会结构理论研究的重要代表作之一。

于是他们总是在用完餐后，排队洗碗。我疑惑的地方就在他们每次都只做且只洗自己的那份，就算别人的碗摆在面前，他们也不会去动。我有时候甚至怀疑他们闹矛盾了，但看他们在一起看视频毫无间隙哈哈大笑的样子，只觉得他们关系好得很。这就是中国人无法理解的了：也许西方用餐都是自己管自己的，但洗碗不过是朋友间的举手之劳，如果我洗了自己的，没帮朋友洗，那肯定是不够意思。但法国人觉得这挺合理的。也许可能还觉得帮忙是侵犯了别人的东西。不知道第一个人洗完后去叫第二个继续使用洗碗池时，到底是怀着什么样的情绪。后来我把这个现象放到团体格局里，就很容易理解了：因为不存在差序格局朋友间自私的尴尬，大家都是平等的，谁也不用多做什么。那么假如专门为他们设计厨房，大概是要三个洗碗池才行？

虽然西方人看起来不可思议，但在世界范围内，国人道德上的"私"却是广被诟病的。我们认为法国人洗碗的做法太自私，但西方人却认为我们是自私的。这观点主要体现就是没有社会公德。从差序格局的角度看，社会道德这种公共关系在传统社会道德体系中是没有支撑的，所以公共生活只能糊涂的得过且过了。子曰："其为人也孝悌，而好犯上者，鲜矣；不好犯上，而好作乱者，未之有也。"孔子认为，若是人人都遵守自己社会关系中的私人道德，那么天下就太平了。传统社会中，对于公共性是没有明确的道德要求的，只需要关心自己的私事就好了。关心"私"的思维也是开头我们提到了养猪场失败例子的本因了。

其实谈公私，也许只是社会格局的思维碰撞，当然，我们意不在讨论道德问题，我们更关心国人对于公与私的态度以及对日常生活的影响。

私的社会基础是流动性弱的农业社会。中国是传统的农业社会，人口流动性很弱。传统的中国人总是守着一亩三分地才能安心度日。国人对土地有着特殊的情感。差序格局的社会关系模式也是基于此而建立的。如今随着社会分工的细化，农业社会也正在逐渐转型。多数人已经从乡村走向城市，不需要守着土地过日子了。但这种寻求稳定的感情转化为了对房的需求。一些欧洲国家的租房人口比例出奇的高，比如瑞士可以达到50%以上。这放在中国是不行的（随着社会发展，也许未来在一线城市这种情况会被迫改变），要是没有一套房，中国人就觉得自己没有了"私"的物质部分了，从而导致大多数的中国人对于生活惴惴不安的心态。这实际上是对流动和变化的恐惧，以及对稳定生活的向往。源自乡土的思维习惯，已经成了中国人骨子里的愿望。只有变化不大的社会才能稳定国人差序格局的关系网。农业社会的转型和社会分工的发展对于社会人际关系必然产生一定影响，我当然无法预测未来的人际关系是否会有根本性的转变，但目前来看由"私"人道德编织成的社会结构依然是中国最基本的社会关系网络。

　　我对于传统中于自家的土地及房产看的极重这点是深有体会的。记得黄声远在一次讲座中提到，在他们的一个名为"光大巷"的改造项目中，黄声远挨家挨户的与当地居民沟通，希望可以让各家的用地后退，挤出一条公共巷子来。这可成为了大工程，因为老百姓们谁也不想把"私"变"公"。另外，对于在自己院子里种树这件事，老百姓都嗤之以鼻。我当时觉得很奇怪，为什么自己院子添绿还不行了呢？后来想想，大概也是这树为公共空间做出了贡献，却缩减了私人空间。传统思想里，公家、公共的就意味着是可以占便宜的，然而谁也不愿意委屈自己，便宜别人。设计师也是费了不少努力，在居民之间来回游说，说明增加公共空间的好处，并且在打造公共空间的基础上，处处尊重私人空间，最终才使得项目落成。

　　我不知道理解这些内容对于公共社区和农村建设的设计是否有帮助。设计师挖掘古代精英阶层文化的设计作品已经覆盖了信息网络。与中国传统社会性相关的设计是很少能被人知道的。记得前段时间网上流传画家孙君对于郝堂村的改造规划大概是其中一个难得的例子。这个画家并不是在做园林，用他的话说只是在做村长助理。他坚持通过"安居"才能"乐业"的方式打造出具有活力的现代新农村，他通过各种方式把村民的"居"调整好了，"业"自然发展起来。这些理念从乡土中国的角度看是合情合理的。他提到一个有趣的例子，在农村改造成为城市居民参观度假的一个目标后，农村妇女教育小孩时这样说道：不要像城里人一样在外面乱扔垃圾。对于这个例子我很在意，因为这是与过去不同的公私关系（过去农村人普遍乱扔垃圾，城里人则相对有社会公德）。信息化的发展把空间尺度缩小了。村民显然很爱他们的村子和环境，他们只有将村子视为自己的家，才不会让自己孩子在外面乱扔垃圾。村民"私"的范围扩大了。奇怪的是城市中却很少出现这样自觉的现象。只要是社会道德涉及不到的城市角落，必然是一片狼藉的。

　　上面我称"村子里不乱扔垃圾"的现象叫自觉，其实换个词更为合适——自在。中国的乡土性是自古就存在的。自古"法律"和规矩覆盖的范围，至多停留在县衙门，再往下层就无法渗透了。下层的吃喝拉撒睡玩，自成了规矩和体系，上层管理者是管不着也管不了的。在这个系统中所遵循的，大多是我们之前所提到的儒家道德观。这道德观与各个不同区域的乡土生活结合所产生的文化，用主流词汇形容则叫民俗。可以看出来，民俗往往是自我存在、默默运行的——自在。这是当地乡土潜移默化的思维习惯。

　　设计师和规划师则代表了外来的、先进的、乌托邦式的、高效系统的主流力量。这样的方式这几十年来正在渗透进乡土中。过去的规划设计中，外来的先进与乡土的自在不断碰撞，不断产生"猪不知道归谁"的尴尬局面。就像我在《尊重世界》中提到的现象一样，外来的先进并不尊重乡土的自在。原因自然是因为不科学。在作家阿城的《树王》中描述了这么一个故事：知青到乡里指导种树，为了科学规划种树，要把村里一棵最大树砍倒烧掉。一个村民出来反对。他对抗知青"大树无用，位置不科学"的理由是"要证明老天爷做过的事"。很显然，以老天爷为代表的"民俗"并没有什么科学的说服力。树自然是倒了。

被各种主义点醒的现代设计观念认为，绿色的树当然是要保留的好。可是规划和设计在乡村建设中又砍倒了多少别的"树"，我们根本无从考证了。看看我们规划的文本，永远都是几大结构，几大体系，几种产品。看着似乎完整却又大同小异的结构，我心里就默默有数，又有"树"倒了。这便是随处可见的场地屠杀了。最可笑的是，这些文本中场地屠杀的案例参考还是另一个场地屠杀——傻子学傻子还是傻子。外来的先进是有力的，但它所关注的是科学性、高效性，甚至于是艺术性，它是"公"的代表。这就是他们的枷锁了。他们忽略了乡土自在中社会性与文化性的"私"。因为"私"看起来并不科学，和"公"不是一个世界的产物。先进事物的科学世界里，是没有乡土自在的。如果他们的世界里没有乡土，那他们连目光都不及，自然谈不上尊重可言。

前段时间我在网上看到一个厕所设计竞赛。这是在一个风景如画的村子里为村民设计厕所。我看了入选的十强，那图画的比夏圭、马远的意境还高。这些作品不停在讲述自己独特的理念或者是与环境的中国式、自然般融合。和环境融合自然是没错的。我的问题是，不知道这个村子里的人用不用厕所和如何用厕所？我见过最好的厕所设计，是在临河的空间里设置了开放的小便池。因为当地人习惯在竖起的晾干竹排后面小解，最后流到河里去。这是很自在的事。设计师并不想让这个改造后的地方逼迫原来往水里撒尿的人们觉得自己是不太好的。设计师并不想指责谁，也不想教育谁，甚至不想改变原有的行为模式。因为原来的行为模式带来的感受和在封闭私密的空间里是不同的。我们用"常识"去要求他们是不公平也不尊重的。当然，现在设计的这些小便池是连接化粪池的。这里设计师的尊重在于两个层面，第一个是关注到当地人原有的行为习惯，这种关注便是从原有科学框架里跳出来的尊重。第二个是他并不带有所谓科学的道德观去批判原有习惯。这是对于"民俗"的尊重。设计给了"私"道德空间和行为空间。反观厕所竞赛，每一个厕所设计者都关心自己别墅一般的建筑形态，似乎并没有人知道当地人是不是像城市人一样使用厕所。

当下的风景园林师更多的是在处理公共空间，在公与私的问题上，多数时候是不考虑居民最关心的"私"的。集中力量办大事的有力大手往往一巴掌就拍死了那些无能为力的"私"。最为悲剧的是，这些"私"是死在被察觉之前。所以损失是无从统计的。虽说如今是一个提倡为公的世界，私在这个时代里是格格不入的字眼，但在骨子里的血液我们是不能忽略的。如果能够将国人可伸

缩的"私"（下一篇）扩大到城市尺度，那么城市环境定然非常优越。一味的
反对自私的"基因"，不如从其优秀的方面入手。传统文化里的私人道德也酝酿
出了许多值得称颂的品质——忠义孝悌。回到风景园林中，每个场地有着各自
的"私"，而"公"总是大同小异的。适当的方式处理公与私是形成特色空间、
挖掘场地精神的捷径。或许有人会认为公与私的矛盾主要体现在当今的农村建
设上，但风景园林师作为社会工作者而言，在城市公共空间中如何建立起公与
私的良好联系，营造和谐的人居环境，或许又是一个新的议题和设计方向了。

二

2010年的人口普查显示，中国的人口达13亿，农村人口超过50%。可见农
村人口是人口的主要组成。在改革开放前，这个比例更大。当今在城市中的一
大部分人口，30年前也是农村居民。当然这样的数据不能完整说明中国就带着
乡土的气质，但从中国实际的人口迁移情况来看，主要是存在于城市与农村之
间。并且每年看似城市居民的人群都会有大量在农村与城市往返的情况（例如
春运）。当今社会不论城市居民还是农村居民，都很难摆脱传统乡土的社会性
质。这是社会组成方式和传统道德观念决定的气质。现代社会从原来的差序格
局向西方的团体格局转变，这种转变主要是来自格局外。与其说是转化或者影
响，不如说是碰撞，其意在产生新的格局。于是由于社会固有的组织方式和道
德要求等因素，转变中的多种矛盾必然突出。公共空间很显然是社会性，这些
社会问题自然对于空间也有潜在的影响。在设计工作中，我们清楚的了解东方
现代公园和西方是不同的，西方文化中热爱的空间许多在东方并不适用，不同
文化的人对于空间有着不同的使用习惯，除了自然因素外，社会因素也是其中
重要的影响因子。生搬硬套的方式会使得空间显得很尴尬。

之前我们讨论了公与私的矛盾，至于对于公共空间的影响，还需要进一步
在设计工作和社会工作中去总结。接下来我们要讨论另一个传统社会的基本特
点，除了上一部分提到的"私"外，中国的社会性质还可以概括为熟人社会。
差序格局里与自己越亲近的关系就越值得信赖，这是维持中国人社会关系的基
本规律。费孝通先生提到这么一个现象，在农村里，人与人甚至可以通过声
音、脚步声、气味来分辨对方的身份，因为那是在耳鬓厮磨的关系里得出的经
验习惯。正因为社会是长期稳定的，才有如此神奇的现象。但长期稳定的社会
带来另一个结果就是单纯依靠长辈的经验就能够过好一辈子，因为世世代代所
过的生活是类似的。如此而来，继而又有了另一个事实，就是文字在农村生活
中是没有太大必要的。因为经验的传承足以让人应对所有的生活问题，那么农
村自然是教育资源缺乏的地区。

在费孝通先生的年代，农村人总是被认为文盲。随着教育的普及，这种现象已经逐渐减少了，但是"没文化"仍然是现代农村人丢不掉的帽子。其实在二三十年前，也就是现在社会上已经先富起来的一代里，文化程度高的也并没有多少。就算是当代，知识改变命运的言论也有沦为笑话的风险。这多多少少造就了我在《象形问题》中提到的现象——人们广泛关注具象景观。这是大众境界的基本特征。

也许过去的我会批判这种现象，可后来发现可能知识才更容易使人"盲"。文化水平低并不能代表大众境界层次不高。大众境界以生活经验以及人与人之间最基本的直接感受为基础，反映出最直接、朴素、直达人心的情感。子曰"思无邪"，就是对此境界最好描述。

不得不说，信息化时代走在最前面的是商业和传媒。看似与学术无关的娱乐时尚实际也反映出了一系列的社会价值导向。拿前些年火起来的郭德纲例子而言，郭德纲用其被传统相声界批判的"俗"文化，将逐渐脱离群众的艺术重新带入到群众之中。他所谓"俗"乃"通俗"而非"庸俗"的观点不无道理。火透全中国的"神曲"《小苹果》，其创作者的初衷也无非是希望写出一首老少咸宜，能够活跃气氛的歌曲。这些人和作品的成功并不是因其做了多么深入的科学研究或者对于专业艺术的展示，他们只是诞生于当下人民中的艺术家。我们固然不能忽略他们成熟的艺术技巧，但他们的成功在于把握的方向。因其直达人心的境界，终于人们还是更爱"BIG DUCK"。教育水平在未来必然会逐步提高，不过依据境界的运行方式和社会结构性质来说，我想国人的大众境界或许在一到两辈人里并不容易"提高"多少。长期的经验生活方式并非"一日之寒"，由此得出的艺术形态也具有很强的生命力，我们没有必要去排斥。

熟人社会对于大众境界的影响虽然积累在几千年的文明发展中。除了影响大众境界外，熟人社会还有另一个作用——它使得公私关系在与公共生活中有了不同的界限了。

熟人社会中的"熟人"，当然不是单单指认识的人，而是相熟的人。熟人一般等于"自己人"，毕竟正常人的"仇人"都不会很多。根据差序格局的结构（以己推人）来看，除了不清楚的界限外，另一个结果就是导致可伸缩的社会关系。于是"自己人"的界限模糊了。在不同的场合，"自己人"的概念是不同的，这也是公私关系不明的原因。在朋友里的"自己人"，在有血缘关系的家族里可能就不是了；在自己家族里被排斥的外来媳妇，在外家人面前又成了"自己人"。随着立场的转化，亲密社会关系也在不断伸缩。鉴于可伸缩的公共关系，假如在空间设计中，可以将大部分使用者划为他们共同认可的"自己人"，那么空间就必然有活力。这是空间设计的文化方法和社会方法。黄声远是善于用这样的方法的。在宜兰社福馆设计中，他用破旧的材料使来客产生归属感，这就成了"自己人"的空间；在丢丢当火车站入口的设计中，大棚将所有的人圈在一个空间中，迫使人产生类似团体格局的社会关系，这也是产生"自己人"感受的空间效应。实践证明关注社会性使得设计更精彩。

现代设计师谈设计往往是缺乏社会性的，致力于乡村建设的孙君团队和植根在宜兰的黄声远团队，在这方面比只会画公园的设计师要更有发言权。对于被社会性所影响的公共空间设计方法，在乡村建设中还难以形成稳定的系统，在城市中恐怕困难要更大。社会学理论和设计方法的结合还需要在实践中去检验。

不管是象形还是乡土，我们所讨论的大众境界实际上无法单单从艺术、教育等简单问题出发去思考。它是与文化性及社会性相关联的结合物。这么说起来也许理论拗口，可能在实践会相对简单。即境界的产生应该是人与场地的时空、事件关联的结果。如此看来，设计师肩上的担子似乎又沉重了一些。

胡思乱想

有一天晚上我难得的失眠了，不知道为什么热血上头，决定要把自己的想法写下来，接着居然就越写越多，凑成了这些文章。对于他人而言，这些文章就是我个人的胡思乱想罢了。实际上，我在文中偶尔也尝试引导大家去"胡思乱想"，比如在对于飞机上发生事件的原因猜想，正如我最初的目的——抛砖引玉。我在文中阐述的道理都相对简单，只是列举了诸多设计中不常用到却其实很有趣的方向。文章对于专业人员应该是浅显易懂（或者换个词叫理论"简陋"），一方面因为我个人能力有限，另一方面，我认为在这些文字里，方向比深度来的重要。于是我一直都是尽量简单而避免太"隔"。不过我希望对于这些文字的评价也是简单而不是简陋。也许读者思想的深度要远远超出我的头脑和文字，这也是一大幸运。至于抛砖引玉有没有导致读者的想象我不得而知，不过起码我自己在写完这些文字之后有了一些新的想法。接下来，是见证想象力迸发的时刻了。

关于绿化

绿似乎是一个褒义词，但我却在城市绿化建设中嗅到了工具理性的味道。

在中国，政府很早就意识到环境改善的重要性，但在一个自上而下的体制下，各地总是会有一些"畸形"的做法。在经济发展压力下，行动比语言诚实也是难以避免的事。我们常把"绿化"挂在嘴边，荒山需要覆绿，道路需要增绿，城郊需要绿环，城内需要绿化。各个部门之间制定一系列关于绿化的标准以及相应的名头，各地方政府则争相追逐，官员们都希望在各自的任职期内有一项拿得出手的"生态"成绩。但"绿"对于各地而言是否真的是有利的呢？

中国地广物博，在南方，绿是天然的。这意味着南方的绿化的建设环境要更高质更容易，各种天然氧吧、城市之肺也随之孕育而生。但相同的情况移到北方却没有相同的结果。在北方，绿化确实可以起到防风固沙等重要的生态作用，不过绿化同时也是耗水耗时耗力的工程。

比如要将黄土高原一般的山体绿化，如果是只为了城市景观效果，那十分令人怀疑。究竟是"黄色"好看，还是"绿色"漂亮？譬如将石山覆绿，在人工逐个凿坑的条件下，将松柏一棵棵与客土一并移入坑中，倘若是没有强有力的生态理由，我认为大可不必如此。石山难道没有审美价值吗？又例如在种活一棵树比养活一个孩子还难的新疆，早年曾大量学习西方公共空间铺满草坪，要知道直到现在新疆许多城市街头标语还写着"节约用水"。

一些地区的造林绿化工程对于防风防沙、改善城市生态环境起到了不可否认的作用。不过如果是出于"工具理性"，为绿化而绿化工程，其实破坏了场所本身的精神。试想以一个绿化标准来要求所有城市空间营造，理论上的结果不就是千城一面吗？

又到了胡思乱想和胡说八道的时候，之所以这样描述下面的言论，是因为它们仅仅是没有找到依据的想法。不过这毕竟不是小说，只是抛砖引玉的自我反应结果而已。

随着生态建设的关注点越来越高，我仿佛也看到了对于"绿"的迷信。对于"绿地率"或者"绿化率"的概念，我想假如偷偷换一下，会不会有所不同？我辗转反侧了很久，憋出一个"自然率"。这个"自然率"真是难定义也难计算的很，无人工的第一自然是自然，农业气质的第二自然也是，人造的第三自然还是，恢复的第四自然也算。具体该是哪类，大概都可以吧。这又和"绿地率"有什么不同呢？比如我们认为沙漠戈壁不是绿地，但是它是自然。这样我们不会被乔灌草的材料限死，如果在只考虑景观效果的同时，自然与城市结合的材料就扩展了很多。比如小型的戈壁景观、仿风凌石等荒漠元素似乎也可以在北方城市中作为设计元素出现。第二自然可以如何在现代城市中体现？新疆种树的难度很大，行道树能否用其他材料代替？行道墙、行道架如何？不如就用葡萄怎么样？事实上吐鲁番有类似的案例，虽然形态与设计相对简单，但遮阴效果是毋庸置疑的（葡萄架的形态可以很多样）。通常城市园林绿化都是用传统的乔木灌木地被等景观效果较好的品种，如果根据地区的不同采用特色植物材料，如耐盐碱的柽柳、盐肤木等通过组合搭配之后是否也可以胜任如此功能？

第三自然是不用提了，第四自然也已经尝试几十年了。但反而是第一自然和第二自然似乎总是处于被城市抛弃的状态，这似乎是值得思考的现象。

单纯从植物绿化方面考虑这个问题或许更加靠谱。中国是世界上植物种类最丰富的国家之一，约有30000多种植物，仅次于世界植物最丰富的马来西亚和巴西，居世界第三位。但是中国的园林植物所造景观却十分的单一。许多平原地区原本生长的野生植物种群被城市发展所破坏，以至于许多平原地区城市的野生植物可能需要到相对低纬度高海拔的地区去寻找。这样复杂的程序也让提供园林苗木供应的部门望而却步，或者他们根本就意识不到。即使中国南北东西跨度都很大，但园林植物区划却粗糙的可怜。可以认为，当前国内的园林植物从供应到设计，整体情况是十分粗糙简陋而且不受到重视的。在提倡"绿化"的年代，只有这样的"绿化材料"是值得反省的。从另一个乐观一点角度来看，未来多样且精致的园林植物供应及设计或将会有很大的市场（可惜家里没有地做苗圃）。

关于规划逻辑

传统城市是以功能和交通为最基本逻辑，在功能分区后用网格化路网建立交通体系，接着在被路网切割的空间内"填色"，其中包括绿色。这样的结果是绿色是被切割且分散的。基本逻辑的交通最直接的体系就是车行系统。

在我理想的城市空间里，汽车这种大型交通工具应该在我日常生活看不到的地方。只有出远门，或者采取"简化版的旅游"时才会用到汽车和飞机这样的交通工具。一旦使用就意味着从一个"生活区"进入另一个。这里提出了一个"生活区"的想法。每个"生活区"都应该是一个相对独立的区域，它们可以满足居民的所有日常生活要求，但相对城市而言规模更小，或许就是个村子的尺度。这样在生活空间内，一切都是以人为尺度的。城市应该由许多这样的"生活区"组成，而非"交通区"。我们常提倡要将城市还给人而不是汽车，大概就是这个道理吧。

如果以人的生活尺度的空间为核心替代交通逻辑去规划城市空间，城市是否会和现在的大不相同呢？生活空间的形态也许会根据空间资源来限定而不是道路；城市车行道大量减少，人尺度道路会更加具有趣味性，同时也许新的交通方式会出现；由于生活区与工作区的混合，不会出现某个时间段的死城。这样也许会出现一个在充满想象的冒险小说里才有的新城市。

关于城市的公共参与性

城市居民走在城市的街道上，他们对于城市基本是毫无感情的。城市似乎只是一个毫不相干的载体，换一个城市空间也是无关紧要的。只要人们的社会关系、经济关系没有改变，对于居民而言并不会有多少大不了的事。比如大家都反感雾霾，但要自己的车限行，却是极不情愿的。这是公私关系相互转化的问题。针对这个问题，我们又有了新的课题——通过引导激发居民对于环境的情感而改善人居环境。这是我们的最终目的。

以我粗浅的认识，将公私关系组合为一种新的关系也许更为合适。例如共享单车就是一个很有趣的案例。这样的辅助交通解决了大型交通工具之间的不连续性，得到市民的广泛欢迎。共享单车在解决交通问题的同时，一定程度上满足了市民"占公为私"的心理。但这是一次有效的探索，对于"公车私用"这样快捷方便的形式，是没有人会拒绝的。

如果我们将城市绿化的公共参与性增加，也许会有不同的效果？肯定有不少人看到困难，认为不可能。共享单车的模式在过去也是难以想象的，早年结婚都拿自行车当嫁妆，现在满大街都是了，居然还能随便用，这是过去人想象不到的。园林是否也有被共享的可能？城市绿色基础设施是需要经营的，不过它却无法带来直接的利益。假如可以创造绿色基础设施的直接利益，那么其或许就具有共享的可能性。设想第二自然成为城市绿化基础设施，那么是否可以以共享的方式去运营？比如共享苗圃之类的，也能局部解决之前提到的园林植物单一性的问题。

以上是从利益与需求的角度考虑参与性的可能。或者我们还有其他方式，通过对于地方传统生活方式的研究也可以通过设计反映出基础设施与人生活的直接关联。我在新疆维吾尔族的早餐店吃早餐时，曾惊讶于他们的管理模式。早餐店铺面积很大，室内室外都有。与此相匹配的是同样多的厨师，但与之不相匹配的是算钱、收账、管理的只是一个维吾尔族老人家。他的工作看起来很轻松，往柜台一坐，游客吃完到这，说多少钱，他就收多少钱，从来不问你吃了什么，也不怀疑对方是否有信用。桌子前面写了四个大字"良心收账"。从设计和经营的角度来说，这样的模式节约了很多的管理成本和设施成本，如果顾客确实做到"良心付账"，那么这家店铺在成本上相比一般店铺就节约了很多。这是基于当地民俗的管理模式。另一方面，我相信这样的模式是受到顾客欢迎的，顾客会产生一种被信赖的责任感，一般也不至于亏欠餐费。这种感觉使得顾客在同类型的早餐店里更愿意选择这家。信任可以产生感情，最终顾客能够与早餐店建立起情感联系。

事实上，这家店铺确实较周边一般店铺要火爆得多。我猜想假如这家早餐店关门了，区域内的居民一定会怀念的。

关于城市公园

几年前朋友们组织了一次西北自由行，在青海租了一辆汽车，当朋友们向熟悉当地旅游的司机提出要去"青海原子城"看看的时候，司机第一反应是奇怪，而后不解的反问道："那啥也没有，有啥好玩的？"对于这样的反问，我们的第一反应也是奇怪，而后心里难免有些失落。"青海原子城"在行业内该是无人不知的"神作"，但对于普通大众而言，其实并没有什么特别之处。为大众营造环境的广大设计师群体与大众是生活在两个世界的人吗？

实际上纪念性园林不被大众广泛认知是情有可原的事，因为"纪念"是与日常脱离联系的事件。大作不被百姓认可无可厚非，"青海原子城"的例子只是极端。但我不禁想到，我们的城市公园是否也是发生日常事件的地点呢？试问读到此处的朋友们，平时去公园的频率是在一个什么样的水准？

我没有详尽的数据证据，但从我身边的例子可以看出现在的城市居民与自然依然是断裂式的关系。

在我身边，有孩子的家庭群体去公园的概率相对要大一些。这是常见的场景，父母会利用周末的时间与孩子一起到公园里去赏花或者放风筝，但如果问他们的小孩是否会爬树，所有的答案都是否定的。"他就没有意识到树是可以爬的""爬树太危险了，我不会让他爬"。纵然这无法得出什么必要的结论，但我依然为城市孩子感到可惜。

一方面，父母了解如公园这般的自然是对孩子很好的"自然教育"环境，但却不愿意让孩子太过接近自然。另一方面，如果是自己一个人过周末的话，大多数人宁愿在家里睡觉也不愿意去几公里外的公园，这也是我身边常见的现象。难道公园的目的只是自然课堂吗？园林设计师最擅长的公园建设对于这样的居民似乎是关怀缺失的。我认为这是现代城市公园存在的主要问题。

有调查显示带状绿地和点状绿地的使用率是最高的，而片状绿地则是最低的。很显然在同样的面积下，带状绿地的周长相对块状绿地要更长，这意味着可以有更大的与城市接触的空间。假如现在上班有两条路线选择，一条是穿越河道和树林的快速通道，一条是机动车道边的快速人行道，一般人是会选择前者的。如果前者和自己的日常必要生活无关，则使用率就急剧下降。所以配合交通的带状绿地一般使用率较高。同时居住小区、学校、办公区内的点状绿地，或者可以认为是口袋公园，它们是最受居民欢迎的。我们可以在这些绿地中频繁的看到使用者。甚至如学校绿地这样的空间常常承担了周边居住区附属绿地的功能。我们在设计校园空间时，这样的事件基本是不在考虑范围内的。这是设计师对于使用者关怀缺失吗？从我们之前"境界论"的角度考虑，如果公园绿地意不达人，甚至都无人问津，这也是意义不大的。从传统自然观"天人合一"的目的里，居民自发的行为使得一些专类附属绿地成了公共绿地。

不仅传统自然观是如此要求的，西方的城市现象更是如此，可以说这是全人类向往的方向。瑞士是一个不需要公园的国家，因为整个瑞士就是个大公园。由于是山地国家，建筑的覆盖率很低。山、水、植被、白云的天空、落叶的泥土，这样纯粹自然的元素是随处可见的。所以被命名为公园的地点似乎是很少的，因为自然已经是日常了。

自然成为日常是我们传统自然观的要求，也是我们城市空间营造的目的。在我的"胡思乱想"中，应该有以下的原则。

1. 将城市内部绿地与外部自然形成连续的系统，将城市内部多样的统一起来，不在乎大小，而在乎系统的完整性。
2. 增加城市中荒野类型的绿地。让绿地空间在自然状态下演变发展，而不是通过大量人工干预达到"景观"的目的。
3. 人与部分自然的关系更加亲近，绿地成为日常。

如此，我们的城市绿地空间建设应该是如下这样：

大城市的城市公园数量应该适当减少，同时应该把更多精力放在如道路空间这样的带状空间建设中，特别是人行交通的"自然度"提升。也许农村的自然度将会成为未来城市的绿化目标；一些企业、机构、单位的附属绿地可以适当开放，并在设计这样的空间中充分考虑周边居民的使用；在城市的各类死角增加口袋公园数量；对于剩下的城市公园可以提出新的管理策略，也许"共享"策略对于吸引游客是一个好办法。

国内许多城市正在建设城市绿环等进一步提升城市绿色基础设置数量及品质的工程。这些具体措施如果能够和居民的日常发生关系，似乎也稍微满足了我"胡思乱想"的要求了。

有一部分观点认为大型绿地除了居民的使用功能外，还应该有其他功能，比如城市形象或者生态功能。对于城市形象，这是一个审美标准，我们可以不提。或者通过其他形式也可以达到。为了避免落下反生态设计师这样的名头，生态功能我还是应该要关心的。"据说"大约50公顷以上的绿地才能够形成较为完整的生态系统且对于区域环境的改善起到可见的作用。我对于之前所提出人行空间增加"自然度"的做法是存在关于生态性的疑问的。这是否能够起到和大型城市公园类似的生态功能是需要具体研究的，这功能对于城市有多大意义，也是需要具体调查的。但据我浅薄的认知，这样的定量权威调查目前并没有多少。我们的公园设计在完工后就难找到设计团队了。也没有固定的调查团队对于公园或者绿地有评价研究。这对于城市建设很显然是不利的。虽然如此，我还是希望可以通过技术手段或者设计手段使得带状绿地及其他绿地的大量组合达到城市的生态目的。毕竟城市不是保护区，这样的目的应该并不是什么难事。

关于山水城市

写到这里我有一个令自己惊讶地发现，之前的"胡思乱想"在不知不觉中似乎形成了山水城市的基本模型：如果不以绿化等同于自然，如果不单纯以功能和交通为基本逻辑，同时将城市内外的自然联系成系统，那么对于应用天人合一的传统自然观的山水城市，就容易实现得多。而追求公共认同情感的管理策略以及减少无用大型公园的绿地策略则能够维持住良好的城市空间，保证和谐的人居环境。

对于钱学森提出的"山水城市"的构想，从城市建设上讨论，是需要进行修正的。例如对于将中国古代诗词的文学修养应用于城市建设中这点，就是极难的一项工程。且不说目前我们的设计师是否有如此的造诣，首先大众就会感到"隔"。根据"境界论"大众境界的要求，这样工程的效果不可能是一步到位的，我们需要考虑的首先是将自然带到城市里，带到居民的日常中。这不仅符合传统自然观以及山水城市的要求，也是相对较容易实施的（当然是在决策者能有足够魄力改变城市空间的前提下）。另一方面，在许多城市空间中，这样的指导思想都面临着不可回避的实施性和必要性问题。

"路径依赖"有时候并不是什么好事，我们在考虑城市规划时，惯用的策略和逻辑已经被"路径依赖"限死，传统的绿化概念也值得重新思考。或许在新的逻辑下会产生不一样的城市逻辑。虽然是胡思乱想，但听起来有些令人期待。

关于景观与风景园林

最后，我忍不住还是将话题回到了最初的出发点。风景园林与景观的争论在国内一直持续不断。细心的朋友会发现我在文中所用词几乎都是"风景园林"而不是"景观"。这是因为我认为在以东方自然观为基础的中国，用风景园林这个词来形容行业更加合适。

我比较认可一个观点——景观是现代城市发展缺失后的征兆，一种人与自然原初关系被城市化、商业和技术扰乱后才出现的文化形式。这么说来，其本质就是在人与自然关系发生断裂后，人类对于自然追求过程中产生的包含民俗、艺术、科学的文化形式。我们前文已经从自然观的角度讨论过连续性与断裂性的问题。东方自然观一直都是以连续性的姿态面对人与自然的关系，那很显然就不存在或是很少出现人与自然断裂的关系。那么，从定义上来说，"景观"似乎也无从产生。而风景园林正是自古就有的文化与自然的关系（风与景）。

但不可否认的是，不论是东方还是西方的自然观，都被现代城市发展吞并了。传统的东方自然观也在快速的现代城市进程中显示出岌岌可危的一面。于是"景观"有了用武之地。不过值得设计师们注意的是，虽然自然观在不断融合，但它本身还是"死"不了的。

结语

　　文将至尾，我也黔驴技穷。关于这些文章，我一开始并没有什么规划，因为工作中一两句话无法说服同事和甲方，也没有人愿意听我长篇大论的唠叨，于是我才想着全部写出来。对于开头的"薛定谔派设计师"，权当我开了一个玩笑。其实这些文章的目的不是批判，如果让人觉得不舒服，那是我作为愤青不自觉的行为，请大家原谅。这些杂乱的内容，只是随手写下来的，却没想到越写越多，似乎内部还有一些逻辑关系，于是就给排成了几卷，讲的大概是不同方向的内容。由于涉及的方面很多，类似一个小孩异想天开的想法，那么就以想象力的名义来统一。仔细思考的读者也许会发现几卷之间的些许联系，那也不枉我的苦心了。

　　我最初的目的其实是想讨论风景园林的文化性，因此引用了许多董豫赣老师和朱育帆老师的作品及理念。后渐渐发现，一味地强调传统文化的重要性，会陷入一个枷锁，似乎是什么东西把自己的思维框住了。偶然了解到《想象的共同体》，才终于意识到自己是被民族主义绑架了。因此，才有了之前关于无意识枷锁的章节。

很有意思的是，虽然被民族主义绑架，但深入思考后却又从民族文化中发现了走出来的道路。我们从潮流说到文化，又从文化追溯历史，再从历史和文化里得出我们的评价体系和标准，最后我们从"解放"的文化性中看到了一丝社会性的曙光。依此，由文化标准发现精英文化和大众文化早已经融为一体。若到此，还是再一味强调我们引以为豪的文化，或者不断寻找中西方差异，实际上是一种文化自卑的表现。这种自卑将使人忽略园林的社会性。

虽然我们的视线穿越过生态、文化与艺术，最终到达社会性，但我们之前关于生态及传统文化的讨论并不是毫无意义的，社会性也并非终点。我们要穿越的是限制各个方向的牢笼而不是完全抛弃他们。跳出牢笼后的我依然是可以选择回归文化的。民族主义产生的新古典主义文化作为一种设计选择，对于未来的设计还是很有意义的。不过就如同生态一样，这当然也不可能是唯一选择了。文人文化即古代的精英文化，是我们民族文化的代表，这些文化内涵在许多方面都能够使设计发光。但不管任何时代，更多的是文化程度不高的阶层，他们的文化许多没有靠我们熟知的艺术传下来，而是以经验、故事、习俗等刻在我们日常生活和场地之中，这些因素成为了我们本土设计新的来源。在公共空间设计中，这些元素有着"不隔"的特征。除了精英的传统文化外，我们关于自己本土文化设计原来还存在这样的选择。

如此看来，这些文章也是我个人思考和成长的过程。大概正是因为是自己所纠结的，所以为这些文章起个名字花的时间并不比写这些文章少。要起一个吸引人同时又能表达内容的名字真的很难。于是和编辑一起挖掘了在上述主线逻辑之外的逻辑，从中发现了两个关键词——"想象力"和"缘"。最后的结果大家是知道了。虽然我个人还是对"缘"情有独钟，因其代表了我开篇所提到的偶然性，是一个难得的反对绝对正确乌托邦的"褒义词"，不过也许叫"缘中说园"这样的名字稍稍有些隔了。那么只能委屈她变成一个符号出现在扉页里了（这种情形大概是设计师日常的妥协）。

就这些文章的实际内容而言，我本人创新的地方并不多，相信很多读者能看出我引用了许多当代设计师的观点。这些都是我个人比较认可的方向，所以也一直犹豫要不要以想象力为题。毕竟想象这种东西总是新的。但是没关系，我的工作算是新的。我做得最多的事是将他们的观点和作品整理到我体系里进行归纳总结。同时关于文中对一些现象、设计师、作品等内容的评价若有不当或冒犯，我从个人的角度表示道歉。但也请大家理解，从整体框架和内容的角度，我不得不这么写。一个作品只是设计师的一个面相，往往设计师都是有很多面的，简单用一个作品来评价一个设计师，是很难看清设计师的格局的。所以我只是在针对我自己的想法，借用各位大师的作品举例而已。另一方面，我只是园林界的一个"小学生"，在对业内成名大师及作品的点评时，其实我是心惊胆战的。但如马克斯·韦伯所倡导的，做学问，就应该要求被过时。被超越的学问才有意义。在我来之前，已经有千年的时光潺潺流过，在我之后，依然如此。在这长河中，老师必然是质疑并超越了他的老师，才被我们熟知。如此，学生若不对老师提出疑问，那便不是好学生了。所以我也斗胆麻烦大家以这样的想法催眠一下自己，不要怪罪于我了。

另外，这些文章可能是我自己对于一些园林方向初窥门径的感悟，其中许多内容大都可以当做不求甚解的材料，正确与否的判断可能对大家都没有太大意义，写正确的东西当然也不是我的目的。除了在正文中的说明外，我并没有标明引用其他材料的地方，一方面原因是现代媒体对我写的内容影响很大，一些观点可能是在网络节目、电视电影甚至是社交软件的分享文章中提炼的，这些材料也许有一些"无厘头"；另一方面，如我在开头所说，我做得最多的只是提出问题。我希望大家在看完这些文字后，能保持自己质疑的精神。这是想象力的基础，也是设计生命的源泉。当然，也希望被我引用的大师们可以来找我讨论，不要来找我赔钱。

最后题归正文，设计师不应该被热血澎湃的"主义"洗脑，也没必要独自扛起文化复兴的大旗。也许许多初出茅庐的同行们在看完之后会开始对于自己的设计结果和能力产生怀疑。但请不要忘记，价值观是设计师的基本素养，想象力则是设计师的生命力。作者建议，摆正自己的价值观，排除掉传统的观念及经验，从一个社会工作者的角度来思考空间问题、文化问题和社会问题，让自己的想象力到达更远的地方，这大概是成就场地的好方法。

林祥霖

2019年4月15日

图书在版编目（CIP）数据

风景园林的想象力 / 林祥霖著 . — 北京：
中国林业出版社 . 2019.4

ISBN 978-7-5219-0002-6

Ⅰ . ①风… Ⅱ . ①林… Ⅲ . ①园林设计
Ⅳ . ① TU986.2

中国版本图书馆 CIP 数据核字 (2019) 第 057265 号

风景园林的
想象力

责任编辑：孙　瑶
封面拍摄：王　昱
出版发行　中国林业出版社
　　　　　（ 100009 北京市西城区刘海胡同7号 ）
电　　话：010-83143629
印　　刷：固安县京平诚乾印刷有限公司
版　　次：2019年5月第1版
印　　次：2019年5月第1次印刷
开　　本：710mm×1000mm　1/16
印　　张：12
字　　数：350千字
定　　价：58.00元